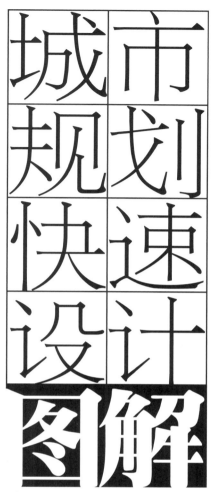

城市规划快速设计图解

城市设计方法与实践系列丛书

李昊　编著

华中科技大学出版社
http://www.hustp.com
中国·武汉

图书在版编目(CIP)数据

城市规划快速设计图解 / 李昊编著． —武汉：华中科技大学出版社，2016.1(2021年4月重印)
(城市设计方法与实践系列丛书)
ISBN 978-7-5609-8416-2

Ⅰ．①城… Ⅱ．①李… Ⅲ．①城市规划－建筑设计－图解 Ⅳ．①TU984-64

中国版本图书馆CIP数据核字(2012)第236793号

城市规划快速设计图解
CHENGSHI GUIHUA KUAISU SHEJI TUJIE

李昊 编著

出版发行：华中科技大学出版社（中国·武汉）
地　　址：武汉市武昌珞喻路1037号（邮编：430074）
出 版 人：阮海洪

责任编辑：曹丹丹　　　　　　　　　　　　责任监印：秦　英
责任校对：刘之南　　　　　　　　　　　　装帧设计：木作 建筑＋城市设计工作室

录　　排：木作 建筑＋城市设计工作室
印　　刷：湖北新华印务有限公司
开　　本：889 mm×1194 mm 1/16
印　　张：14.25
字　　数：346千字
版　　次：2021年4月第1版第6次印刷
定　　价：79.80元

投稿热线：(010)64155588-8038
本书若有印装质量问题，请向出版社营销中心调换
全国免费服务热线：400-6679-118　竭诚为您服务

总　序

2001年诺贝尔经济学奖得主斯蒂格利茨教授说："中国的城市化与美国的高科技发展将是深刻影响21世纪人类发展的两大主题。"

2009年中国城市化水平已达到46.6%，中国正在快步迈向城市时代。

2010年世博会在上海召开，"城市，让生活更美好"的主题标示了中国社会发展的历史节点和对未来的美好期许。

当代中国城市化加速了社会的整体转型，这一转变将构建21世纪人类社会最为壮丽的图景。但经济全球化和知识社会带来的外部复杂环境，庞大的人口基数和厚重的文化传统形成的内在阻滞力，让中国的现代化之路面临更多的困难和挑战。经过改革开放三十年的快速发展，中国社会转型已进入深化阶段和关键时期，然而，现实社会的矛盾和问题更为突出，尤其是决定社会发展方向的价值观念层面。传统价值理念已不合时宜，西方思想体系难服地方水土，"应然"和"实然"之间的差距明显，"价值失范"现象普遍存在于社会的方方面面。面对这一社会现实，建构当代中国社会的价值体系和实践策略已经成为今天的核心问题。中国城市如何面对新的拐点？城市规划在其中应扮演怎样的角色？城市规划教育如何满足长远发展和现实需要？都是我们必须认真思考和积极面对的问题。

本丛书立足中国城市建设的现实状况和实际需要，探索城市设计的技术方法手段和实践操作系统，尝试建立适应不同专业人群的城市设计方法与实践框架。

回顾继1933年《雅典宪章》和1977年《马丘比丘宪章》之后、人居环境领域另一部重要文献——1999年颁布的《北京宪章》，我们可以明确城市设计在整个学科体系中的价值。《北京宪章》在总结20世纪人类社会及人居环境学科历史与发展基础上提出："新世纪建筑学的发展，除了继续深入各专业的分析研究外，有必要重新认识综合的价值，将各方面的碎片整合起来，从局部走向整体，并在此基础上进行新的创造。"人居环境学科不是孤立的构成，是一个复合的系统，在各领域深入发展的同时，更应强调之间的协作和融合。《北京宪章》进一步提出："通过城市设计的核心作用，从观念上和理论基础上把建筑学、地景学、城市规划学的要点整合为一。"城市设计在人居环境学科群中的重要性第一次被清晰和明确地表述。

近三十年，随着社会经济的快速发展，城市规模和人口不断扩大，中国取得了令世人瞩目的建设成就，但是在旧城更新和新区开发过程中，城市历史街区和风貌特色遭遇严重侵害，造成"特色丧失"和"千城一面"等一系列负面影响。城市空间环境品质与特色已经成为规划和建设领域需要解决的核心问题之一。面对新的发展背景和社会现实，城市设计应当发挥其独有的作用和价值，针对中国城市空间特点和建设机制，形成完整的方法体系和实践策略，营造适应当代生活方式、形成强烈地域认同的幸福栖居场所。本系列丛书针对近年来我国城市设计的社会实践现状，综合人居环境领域各学科的最新研究成果和发展动向，分别从快速构思、空间解析和设计方法等方面入手，拟编撰《城市规划快速设计图解》《城市设计空间语汇图解》和《城市设计思想方法图解》。三本书构成一个完整系列，由表及里，由浅入深，逐步建立起适应不同层次专业人群需求的技术方法和实践体系，为城市设计专门人才的培养，为城市规划师、建筑师和风景园林设计师的工作实践提供有益的参考。

序

  城市规划在本质上是对城市的主观认识，是城市客观发展过程的一种反映，城市规划只有在对城市发展不断适应的过程中才能发挥积极的作用。格迪斯"先诊断后治疗"形成的城市规划基本逻辑："调查—分析—规划"充分反映了城市规划本质特征。目前我国正处在城市化的快速发展阶段，如同人的"青春期"，与已进入稳定"成年期"的欧美发达国家相比，既躁动盲目、不知所求，又热情积极、充满活力。"青春期"的城市与社会，可变因素远远大于不变因素，当"成年"的理性分析不能发挥实际效用时，切实的建造就成为适应当下社会最实际的选择。因此，现阶段需要保持城市规划设计型人才的培养力度，提高规划设计能力，以应对社会需求，解决现实问题。

  改革开放以来，城市建设突飞猛进，对城市规划专门人才的需求呈明显上升趋势，各地高校纷纷开办城市规划专业。据不完全统计，截至2015年，设置城市规划专业的本科院校已近200所，按照平均每校每届40人估算，每年大致有8000人的本科生毕业，其中大约80%是具有建筑学背景的规划设计型毕业生，在总体规模上能够满足社会需求。但是，城市规划专业评估数据（截至2014年，通过本科评估院校有31所，拥有城市规划与设计硕士点的院校60余所，通过硕士评估21所）表明，我国城市规划教育在整体上还处在一个较低的水平，相当一部分毕业生需要通过进一步学习和工作实践完善知识体系、提高专业能力。无论是继续硕士研究生的学习深造，还是进入工作岗位参与社会实践，城市规划快速设计是所有规划设计型毕业生必须通过的专业考核，方案的快速构思与表达是其关键。

  作为城市设计与实践系列丛书的第一本，快速设计主要解决城市设计方案创作与表达的基本问题。本书较全面地总结概括了开展地段级城市设计所需要的基础知识及对设计者的能力要求。全书共分6章：第1章，概述——概念与要求。明确城市设计快速设计所涉及的基础性问题。第2章，知识准备——要素与组合。介绍城市设计的基本价值取向，空间要素——建筑、道路、外部环境的技术知识和设计要点；空间要素的组合方式——实体建筑组合、实体建筑与外部环境组合等。第3章，表现准备——内容与表达。介绍设计成果的主要内容："三图""三字"的构成及要求，图面表达的基本内容：包括徒手表现技巧、提高徒手表现能力的方法、绘图工具与图纸的特性与使用技巧等。第4章，方案构思——分析与综合。从任务分析、基地分析到规划概念的生成，分别介绍住区、城市中心区和大学校园的规划原则、设计要点到常用结构模式。第5章，应试技巧——计划与统筹。提出应对城市规划快题考试的相关准备工作，包括知识准备、工具准备、表现准备、考试时间的安排和应该注意的事项。第6章，快题实例——评价与解析。通过对不同类型快速设计实例的评价和解析，使设计者吸取不同设计方案的精华之处，同时也对规划快速设计中容易出现的问题有一个全面的认识，避免出现同样的错误。

  本书以手册的方式编撰，对城市设计知识体系进行高度概括和提取，对规划设计要素、空间组合手法、场地综合分析、方案图面表达等进行总结，并提出快题考试的应对策略，全书强调内容的简洁性、查阅的便捷性和使用的高效性。本书可作为城市规划专业、建筑学专业、风景园林专业人员学习、考研和求职的辅导书，也可供相关专业人员工作参考，以及非专业人士学习、了解城市设计之用。

出版说明

　　2011年初，我们编辑出版了《城市规划快题考试手册》，上市后即获得广大读者的一致肯定，当年内售罄，后屡次加印。

　　读者的厚爱激励我们对手册进行全面修订，本次再版主要做了以下三个方面的优化。第一，书名调整。本书围绕城乡规划专业主要的规划设计类型——城市设计展开，针对快速设计方法和表达进行全面、系统地总结归纳。通过简洁、清晰的图式语言明确该类设计的基本特点、城市设计对设计者知识和能力的基本要求、设计构思的基本方法及图纸表现的基本手法等，内容上侧重快速设计方法的介绍。因此在书名上，将其改为《城市规划快速设计图解》，更贴合本书的主题和主旨。书中依然保留城市规划快题考试的相关内容，满足广大学生的实际需要。第二，版式调整。本书将城市设计的要素语汇和形态语汇进行了较为全面的归纳整理，内容信息量大，前版页面排布整体较密，不便读者阅读和注解。本次对版式进行优化，使得各章节内容的层次性、整体性更为突出，强化简明、精炼和概括的风格，与本书内容更加一致。第三，案例调整。结合广大读者对本书的建议，选择优秀的城市规划快速设计案例丰富和完善本书，新增案例均为近年来本科生、研究生课程设计和各类考试的实际案例，便于读者了解快速设计并掌握实战经验，提升了本书的参考价值和学习价值。

　　如前序所言，当今社会处于转型期，其最大特点是价值失范。《城市规划快题考试手册》一书为作者结合实际教学经验和读者需求，花费大量时间和精力编写的教材，从整体框架的拟定、内容的撰写到最后的排版、装帧，均亲力亲为。在出版刚满一年之际，竟有某书以拙劣之手段模仿，从整体框架、文字内容，甚至于装帧风格、排版方式，无不参照。面对此举，实觉无奈，在书稿以新书名再版之际，特记之，以正视听，请读者自判。

01
概　　述——概念与要求

总体介绍城市规划快速设计的基础性问题。明确城市、城市规划、城市规划设计、城市设计和城市规划快速设计的概念和作用，城市规划快速设计对设计者在知识、能力和应试等方面的基本要求；快速设计的主要内容；列举最常见的三类题目：住区、城市重点地段和园区的基本特征；最后附录典型的快速设计类型——研究生入学考试考题、及其考试答卷与练习答卷。

02
知识准备——要素与组合

规划设计就是将规划地段中的所有空间要素按照一定的原则和方法，进行合理的布置与组织，以满足特定功能和活动需求的专业技术操作。掌握空间要素的特征和组合是开展地段空间布局的前提和基础，是规划快速设计的核心内容。本章围绕以上内容展开，主要包括：规划设计的基本价值取向，空间要素——建筑、道路、外部环境的技术知识和设计要点，空间要素的组合方式——实体建筑组合、实体建筑与外部环境组合等。

03
表现准备——内容与表达

快速设计最终通过图纸的方式表达设计理念和空间方案，有效的表达可以起到事半功倍的效果，因此需要进行图纸表现的充分准备。本章主要包括：第一，内容的准确性，介绍快速设计成果的主要内容，即"三图""三字"构成及要求；第二，表达的有效性，介绍图面表达的基本内容，包括徒手表现技巧、提高徒手表现能力的方法、绘图工具与图纸的特性与使用技巧等。

导　　读

05
应试技巧——计划与统筹

快速设计要求设计者在短时间内分析研究各种条件，快速作出综合判断，形成空间方案并进行图纸表达。方案构思就是对规划任务和场地特性的创造性解读和空间生成过程。本章主要介绍规划方案构思的基本方法，从规划任务分析、基地条件分析到规划概念的生成；介绍最常见的快速设计类型：住区、城市中心区和大学校园的规划原则、设计要点和典型结构模式。

快题考试是对快速设计的实战检验。在3~8小时内顺利完成一个完整地段的规划设计和图纸表达，既要求对专业知识的熟练掌握和专业技能的灵活运用，也需要心理素质、统筹能力、应变能力等应试技能的有效保障。针对考试所制订的详细计划与统筹安排是考生在考试中发挥最佳水平、获得理想成绩的重要途径。本章是前4章的精炼，考前的必读锦囊，包括考前准备和考场战略两部分。

快题考试最终通过试卷的评阅判定成绩。考生应了解规划快题的评价标准，从而使备考目标更为明确，重点更为突出，避免整体方向上的失误和偏差。实际试卷的学习和解析也是备考必不可少的内容，可以让考生进一步明确规划快题考查的特点、重点和难点，为考生充分发挥专业水平、取得优异成绩创造条件。本章从内容和表达两个方面介绍快题考试的评价标准，选择住区、城市中心区和大学校园的典型考题与试卷进行评析。

04
方案构思——分析与综合

06
快题实例——评价与解析

总　　序

序

出版说明

导　　读

目　　录

目　　录

01

概　　述——概念与要求

总体介绍

城市规划快速设计的基础性问题。明确城市、城市规划、城市规划设计、城市设计和城市规划快速设计的概念和作用，城市规划快速设计对设计者在知识、能力和应试等方面的基本要求；快速设计的主要内容；列举最常见的三类题目：住区、城市重点地段和园区的基本特征；最后附录典型的快速设计类型——研究生入学考试快题，及其考试答卷与练习答卷。

01.01 基本概念

城市　城市规划　城市规划设计　城市设计　城市规划快速设计

概念反映事物一般的、本质的属性与特征，建立清晰而准确的概念是展开设计的前提。本节介绍与城市规划快速设计直接相关的城市、城市规划、城市规划设计、城市设计和城市规划快速设计五个基本概念，以及它们之间的逻辑关系。

[城市]

城市是人类社会历史发展过程中形成的聚落形式，它以一定规模的人口为主体、以空间和环境利用为基础，具有高度集约的经济、文化、社会属性，在今天的人类聚落中，以绝对的比重，占据主体地位。城市区别于农村聚落，它以工业、服务业等非农产业为主，人口、物质与活动相对密集，活动效率与经济效益显著，具有多元化、多类型和多功能等特征，是一定地域范围内的政治、经济、文化中心。

[城市规划]

规划是为实现一定目标而预先安排行动步骤并不断付诸实践的过程。城市规划从一般意义上讲，是从城市整体利益和公共利益出发，为了实现社会、经济、环境的综合长远目标，提出适应城市未来空间发展的途径、步骤和行动纲领，并通过对城市土地使用及其变化过程的控制，来调整和解决城市空间问题的社会活动过程。它具有策略制定、规划设计、政府行为和社会活动等基本属性和特征。前两者属于规划行动纲领的研究与编制，后两者属于规划实施运行的操作与管理。

[城市规划设计]

城市规划设计是规划行动纲领的具体化，围绕制定策略和规划设计两个方面展开。制定策略是城市规划解决城市发展问题的主要内容和基本方式。通过综合分析城市的政治、社会、经济、文化、环境等背景特征和现实状况，寻找并发现存在的问题，确立发展目标和实施策略。规划设计是落实到物质空间环境层面的具体措施和空间体现。包括宏观尺度的用地布局规划和城市形态控制、中观尺度的建筑群体布局和地段环境规划、微观尺度的开放空间设计和环境设施设计。一般意义的城市规划设计包括城镇体系规划、总体规划、分区规划、控制性详细规划、修建性详细规划及各个层面的城市设计等（见图1.1）。

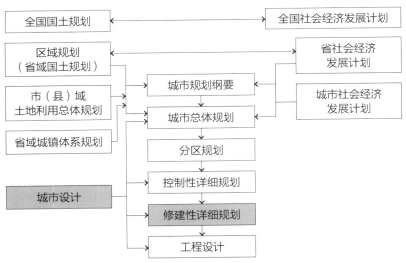

图1.1 我国城市规划编制体系

[城市设计]

作为观念的城市设计，是以人为主体，整体性为价值指向，场所营建为基本理念。其目的在于建立良好的城市形体秩序和提高城市物质空间环境质量，是融入城市规划、建筑设计与景观营造之中的思想方法与基本设计原则。

作为实践的城市设计，可以分成城市层面的总体城市设计和街区层面的地段城市设计。总体城市设计着重研究城市整体的空间形态结构、挖掘城市空间特色，营建空间景观体系，组织城市公共空间系统，明确城市空间的总体构架与分区风貌等。地段城市设计主要着眼于地段的空间布局与整体意向，依据总体城市设计和上位规划，综合地段的自然、人文、历史、生活、交通等特征，探讨地段空间未来发展的多种可能性，并构建地段建筑与公共开放空间的整体形态及环境设计意向。

[城市规划快速设计]

城市规划快速设计适用于修建性详细规划或街区层面的城市设计。面对一个相对完整的规划地段，要求设计者在较短时间内，快速解读题目和任务要求，明确设计目标和概念，完成设计构思和空间方案，并通过简明直观的分析图解和准确有效的图纸表现传达设计构想。快速设计不同于常规意义的规划设计，是在有限时间内的独立创作，因此不能开展现场调查、多方讨论、系统研究等基础性设计工作，而是要求设计者迅速领会题意、抓住重点、确定构思、形成方案并进行图纸表现。这就对设计者在知识、能力和素质方面提出了很高的要求。正因如此，以快速设计为主要内容的快题考试成为考查专业人员基本素养和选拔优秀人才的有效手段，是目前研究生入学考试和工作面试的主要测试工具。

01.02 基本要求
知识要求　能力要求　应试要求

　　城市规划快速设计一般要求在3～8小时内，迅速完成对题目及任务书的理解，形成规划设计方案和图纸表达，是对设计者基本知识熟悉度、基本能力熟练度和表达准备充分度的全面考查。本节介绍规划快速设计对设计者在知识、能力和应试方面的基本要求。

01.02.01 知识要求

1. 观念知识

　　设计者应了解城市的历史发展、现实特征和运行规律，明确当代城市在经济、社会、文化、生态等方面的价值取向。规划方案不仅仅解决地段的用地功能布局、建筑空间组织和外部环境设计等空间问题，同时也反映了设计者的基本价值观。设计者应积极关注学科发展、拓宽学科视野、开展对城市规划相关学科（如经济学、社会学、地理学、生态学、建筑学等）的学习，不断更新观念、把握动态，形成科学、全面的城市规划观。

2. 规划知识

　　设计者应熟练掌握城市规划的基础知识、一般方法和技术路线。熟悉城市不同类型用地的布局特征和相互关系，熟悉空间布局模式、结构组织方式和形态构成手法等城市规划技术知识，掌握系统方法、整体性思维和规划分析手段。对城市规划快速设计而言，规划知识主要指住区、城市重点地段和各类园区的用地组织、空间布局等技术知识及相关的法律法规、技术规程等规范知识。

3. 建筑知识

　　设计者应熟悉快速设计所涉及各类建筑的基础知识。掌握这些建筑的功能构成、平面形态、规模尺度、空间组织和布局要求等基本内容，熟悉不同功能区建筑群的空间布局特征和模式，了解基本的技术规程和工程规范等。一般情况下，城市规划快速设计涉及的建筑类型主要包括居住、办公、商业、文化、教育、会展、体育、研发和服务建筑等。

4. 外部环境知识

　　设计者应熟悉外部环境要素的功能构成、平面形态、布局特征和设计要点，熟悉建筑和外部环境、外部环境各要素之间的组织关系和设计要求。外部环境要素既是规划设计的背景条件，也是设计的主要内容。一般情况下，主要包括地形、地貌、植被、水文等背景要素，以及道路、广场、庭院、绿化、水体、停车场和运动场等设计要素。

01.02.02 能力要求

1. 分析研究能力（确定任务，抓住题眼）

设计的第一步是解读任务书。设计者应具备一定的分析研究能力，善于对已知信息进行判断、定义和分类，筛选出重要的和非重要的、关键的和一般的信息，从而理解题目意图，抓住命题关键点。

任务书中的文字、数据与图纸是解读的核心内容，它直接或间接表明了用地所处的地形地貌、气候特征、城市区位、周边环境、道路交通、建设现状及绿化景观等背景情况；题目要求的用地性质、功能组成、规模容量、开发强度等各种设计条件。通过分析与研究这些信息，明确地段的主要特征和设计任务的基本要求，为规划设计的开展奠定良好的基础。

2. 综合概括能力（明晰目标，确立概念）

快速设计的第二步是确立规划设计概念，设计者应具备一定的综合概括能力。在分析、研究背景资料和归纳、提取设计任务的基础上，综合规划设计的基本价值理念，明确地段规划目标和设计概念。

背景资料中的城市规模、社会经济、区位条件、周边环境、地段现状是确立规划目标的前提和基础；任务要求中的地段性质、功能构成、开发强度是确定设计概念的来源与起点。注意从整体环境出发研究规划地段，任何一个规划设计都是针对特定环境展开的，规划的目标就是将场地的特质和功能的特征呈现出来，并与周围环境融合，成为一个有机整体。

3. 空间塑型能力（结构清晰，空间丰富）

快速设计的第三步是形成空间布局方案，设计者应具备整体规划意识和空间塑型能力。优秀的规划设计方案应是完整的用地布局、合理的功能组织、清晰的结构逻辑、丰富的空间形态和宜人的环境设计的完美结合。

规划结构是将各要素从局部到整体组织起来的基本法则，它涉及用地、功能、空间、道路、景观等各个方面。结构的清晰有序主要依赖于合理的用地组织、便捷的交通联系及层次清晰的空间规划。在有限的时间内，要求设计者善于运用系统思维与方法，通过整体的规划结构将各要素组织起来，形成清晰有序的规划构架。

初步确定规划结构后，就要进行建筑群体空间布局和开放空间环境设计。要求设计者具备较强的空间想象力、创造力和设计能力，围绕地段现状条件、功能要求和规划结构完成空间方案。多样统一、尺度适宜的群体建筑布局和重点突出、层次清晰的环境设计，不但反映了设计者思维的活跃和深入程度，更能体现出平日的专业素养与设计水准。

4. 图面表现能力（传达准确，效果突出）

快速设计不仅要求设计者具有全面、扎实的专业知识基础，系统、综合的规划设计思维，更要求具备良好的图示语言表达能力和徒手表现能力。

图面表现的关键是内容的准确性和传达的准确性。内容的准确性是任何方式图面表现的根本，但常被我们忽略。单纯追求图面效果的绚丽丰富而忽略实质内容的做法与图面表现的根本目标是背道而驰的。内容的准确性对规划快速表现而言，首先是快题主体部分"三图"（总平面图、规划分析图、鸟瞰图）和"三字"（标题、设计说明、技术经济指标）的正确性，包括图纸符合要求、深度一致，文字语句通顺、措辞准确，指标符合规范、信息准确。其次是图纸布局逻辑的正确性，要求图面整体性强、逻辑清晰、内容完整、表达准确。

传达的准确性不是简单的图面效果问题，核心在于有效地传达，通过图纸表现让读图者能够迅速理解设计意图和方案特点。这就要求设计者能够准确把握快速设计的特点，突出重点设计内容，有效传达设计意图。如总平面图，应重点刻画规划地段的核心公共空间、入口空间、城市广场、中心绿地等，反映规划结构的关键内容；其次才是通过适当的线型和色彩突出表达效果，使图面更具感染力。设计者只有在平时多积累徒手表达的知识，并进行大量的徒手表达练习，才能够提高图面表现能力。

01.02.03 应试要求

1. 基本知识的熟悉

设计者应掌握观念、规划、建筑和外部环境等专业基础知识，明晰不同类型规划快题的特点和设计要求，熟悉常用的设计手法和表现技法。在观念知识方面，了解当前城市规划的基本价值取向和思想观念；在规划知识方面，熟悉不同题目的功能布局要求和规划结构特征；在建筑知识方面，熟悉各种类型建筑的进深开间、空间组织和平面特点；在外部环境知识方面，熟悉道路、广场、水体和绿化等的设置与设计要点。详见本书第2章。

2. 基本能力的掌握

通过规划设计实践、优秀案例解析和徒手表达训练等日常功课，设计者应具备分析研究能力、综合概括能力、空间塑型能力和图面表现能力。分析研究能力要求设计者善于抓住题目重点，明确任务要求；综合概括能力要求设计者能够明晰设计目标，确立空间概念；空间塑型能力要求设计者的设计方案结构清晰准确，空间丰富多样；图面表现能力要求设计者能够准确表达，突出效果。详见本书第4章。

3. 考试准备的充分

设计者需要针对考试进行充分的准备，做到有的放矢，才能有备无患。这些准备主要包括知识准备、构图准备和工具准备。知识准备包括准备常用建筑的平面形态、尺度和组合，常用场地的平面尺度及常用的规划结构模式。构图准备包括准备标准化图名和标题，"三图""三字"的图面排布和位置经营，设计者应提前计划好图纸量、明确布图、统一字体和确定表现形式，力求做到图纸画面均衡、逻辑清晰、比例适宜、位置得当。工具准备包括准备铅笔、橡皮、胶带、裁纸刀、图纸、色笔、丁字尺和三角板等绘图工具。详见本书第5章。

01.03 设计内容
明确任务 结构规划 系统设计 图纸表达

城市规划快速设计的主要内容包括四个部分：第一，在明确任务要求的基础上进行定位、定性和定量研究；第二，地段的用地组织和空间结构规划；第三，各子系统——道路、建筑、场地和环境的具体设计；第四，方案的图纸表达。

01.03.01 明确任务

1. 定位 通过任务书解读，分析地段所在城市区位、周边用地性质、交通条件、景观条件和用地现状，确定规划用地的位置和范围、核算用地面积。

2. 定性 规划快题有时会明确地段的功能性质，有时会隐含在任务的叙述中。设计应首先落实地段性质，明确设计内容，在此基础上进行用地组织和空间结构研究，与任务要求背离的设计方案没有任何价值。

3. 定量 根据任务书中给出的基本条件（如容积率等）初步拟定地段内的总建筑面积、所容纳的人口数量及各主要功能单元的规模和密度，作为用地规划和空间设计的基本依据。

01.03.02 结构规划

1. 外部联系 确定用地和周边环境的关系，根据所在城市区位、周边地段的功能性质（居住、商业、绿地、广场、滨水等）、道路交通（主次干道）、景观视线等，明确规划地段和周边环境可以建立的关联（空间、视线、交通等）。

2. 内部关系 分析规划地段场地特征和内容构成，确定主要的功能单元和相互关系，建立整体的空间构架，明确核心空间。规划结构应充分反映地段的场地特征和功能性质，做到布局合理、构架完整、层次清晰和特征显著。

01.03.03 系统设计

1. 道路交通 根据地段规模、周边交通条件及方案构思拟定所需各级道路的布局、走向、宽度和横断面形式，确定停车场分布、规模、数量及停放方式，合理安排各层级道路的出入口位置，综合考虑地段的步行系统设计。

2. 建筑群体　按照规划结构进行建筑群体规划设计。确定建筑群体空间的基本格局和空间秩序，区分不同建筑的布局特征和形态尺度；突出重点建筑；注意实体建筑轮廓所形成的外部空间形态。

3. 绿化景观　按照规划结构和建筑布局统筹考虑绿化景观设计。确定各级公共开放空间、重要节点、绿地的规模、布局位置和形式。针对不同性质、等级的开放空间，采用适宜的形式和表达方式。

01.03.04 图纸表达

1. 内容完整　规划快题最终通过1~2张图纸反映设计构思和空间方案，图纸内容应完整。一般情况下，快题考试的主要内容包括"三图"和"三字"，应根据任务书要求，认真核对成果内容。

2. 表达准确　选择恰当的绘图工具、绘图纸和表达方式，通过图示语言准确地反映设计构思和空间方案，做到重点突出、详略得当、表现充分、效果显著。

01.04　快题类型
住区　城市重点地段　园区

> 　　城市规划快速设计适用于修建性详细规划或街区层面的城市设计类的题目，主要包括三种类型：住区、城市重点地段和园区，用地规模通常在10~30ha。

01.04.01 住区

> 　　住区是规划快速设计最常见的类型。题目设置灵活，考查较为全面，一般在3~4小时内完成。主要包括以下两种类型。

1. 住区　以居住生活为主，集中布置居住建筑、配套设施、绿地、道路等，为城市街道或自然界限所包围的相对独立地区。住区规划应坚持"以人为本"，严格遵守各项政策规范，营造功能合理、层级清晰、空间丰富、景观宜人的居住环境。

2. 商住混合区　同时具备商业功能和居住功能的片区，主要包括居住建筑、商业设施及其他公共服务设施。这类片区往往位于城市的核心地段，容积率较高，设计时要求充分考虑土地利用、功能分区、人群疏散、人车流线及人员的可达性等问题。

01.04.02 城市重点地段

城市重点地段是规划快速设计最主要的类型，需要综合解决城市公共设施、道路交通、城市景观等一系列问题，能够全面考查设计者的综合素质，适用于各种类型规划快题考试。主要包括以下5种类型。

1. 城市商业、商务中心　以商业服务和商务办公建筑为主，具有人流密集、开发强度大等特点。在设计时应综合考虑土地的高效利用、地段的整体城市形象、人员的可达性、疏散场地的布置及人车流线设置等问题。

2. 城市市政、商务中心　以政府办公和商务办公建筑为主，具有布局规整、尺度宏大等特点。在设计时应重点考虑市政广场的形象和标志性、主体建筑的位置、商务楼群的空间布局等问题。

3. 城市商业、文化中心　以商业和文化娱乐设施为主，具有瞬时人流汇集、建筑体量庞大等特点，在设计时应重点考虑文化类建筑的体量、形态和各种人流疏散场地、地面地下停车场地及出入口的设置等问题。

4. 城市公园　以观赏游览、休闲娱乐、游戏运动、文化科普等功能为主，兼有少量的配套服务设施，具有开放性、景观性和活动性等特征。规划设计中应围绕一定的主题，进行适当的功能分区，突出空间的层次性和趣味性。

5. 城市各级综合公共中心　以文化、商业、商务及公共绿地为主，具有功能复合、人流汇集等特点，包括城市、片区和地段三级。设计重点是合理安排功能单元，满足人群多种需求，注意各功能单元在空间上的联系及建筑形态的差异。

01.04.03 园区

除以上两种主要类型外，规划快速设计还会涉及大学校园、科技产业园等各种园区，其中大学校园是比较常见的，本书将在以后章节里主要介绍大学校园规划。

1. 大学校园　以高等教育和科学研究为主，兼有一定生活和配套附属设施。大学崇尚人文精神，校园具有明确的动与静、内与外、教学与生活等分区特征，在设计时突出空间的礼仪秩序，注意不同功能单元的合理布局和有机联系。

2. 科技产业园　以科技研发、生产加工、经营推广等为主要功能的园区，一般位于城市边缘，要求和周边同等类型的用地要有较方便的联系。空间布局上有明确的动与静等多种功能分区，强调对外便捷的交通联系。

01.05 典型示例
考卷 答卷

01.05.01 快题考卷

城市规划与设计硕士研究生入学考试初试快题（8小时）

■题目：泰安市蒿里山封禅遗址公园地段商业文化步行街区规划设计

□关于城市

　　泰安市位于山东省中部，北依山东省会济南，南临儒家文化创始人孔子故里曲阜，东连瓷都淄博，西濒黄河。城区用地面积93.41 km²。泰安坐落于世界自然与文化双遗产的泰山南麓，山城一体，风景秀丽，环境优美，是一座历史悠久的风景文化旅游城市。

　　泰安属暖温带温润性季风气候，四季分明，雨热同季，春季较干、多风，夏季高温多雨，秋季天高气爽，冬季冷而少雪，全年平均气温13℃，每年平均降水量700~800 mm，年内无霜期200多天。

　　泰安是华夏文明发祥地之一。早在50万年前就有人类生存，5万年前的新泰人已跨入智人阶段；5000年前这里孕育了灿烂的大汶口文化，成为华夏文明史上的一个重要里程碑。由于古人对太阳和大山的崇拜，自尧舜至秦汉，直至明清，延绵几千年，泰山成为历代帝王封禅祭天的神山。随帝王封禅，泰山被神化，佛道两家文人名士纷至沓来，经泰山与泰安留下众多的名胜古迹。泰安也因泰山而得名，取"泰山安则四海皆安"，象征国泰民安。

□关于封禅

　　封为"祭天"，禅为"祭地"，即古代帝王在太平盛世或天降祥瑞之时祭祀天地的大型典礼。封禅的目的是在泰山顶上筑圆坛以报天之功，在泰山脚下的小丘之上筑方坛以报地之功。

　　封禅的起源与当时社会的生产力和人们对自然现象的认识有很大的联系。人们对自然界的各种现象不能准确地把握，因此产生原始崇拜，传达对自然的敬畏，于是"祭天告地"也就应运而生。从最开始的郊野之祭，逐渐发展到对名山大川的祭祀，而对名山大川的祭祀则以"泰山封禅"最具代表性。

　　中国古代帝王为加强自己的统治，不约而同地宣传"神权天授"，泰山封禅的活动也因此得以延续，封建统治者的行为让泰山在人们心中的神山地位进一步强化，泰山封禅随后成为每代帝王一生必须完成的大事之一。

　　《史记·封禅书》记载了"自古受命帝王，曷尝不封禅"，从五帝之舜的封禅开始记起，并在文章中间引用《管子·封禅篇》的"昔无怀氏封泰山，禅云云；伏羲封泰山，禅云云；神农封泰山，禅云云……"由此可见，封禅之仪在"三皇五帝"时便已有之。沿袭至秦汉之时，封禅已经成为帝王们的盛世大典，秦皇汉武都曾"登封报天，降禅除地"，以彰其功，仅汉武帝一人就曾8次前往泰山。唐宋之时，礼仪更加完备，唐玄宗李隆基也曾"封祀岱岳，谢成于天"。至宋代，帝王赴泰山封禅逐渐演变为在都城筑天坛、地坛进行祭祀的庆典活动。

☐ 关于蒿里山地段

蒿里山及其东侧的土丘社首山就是泰山脚下的小丘。帝王登泰山设天坛封天，在蒿里山或社首山筑地坛禅地。民国二十年，在蒿里山和社首山间发现一座五色土坛，并从其中得到两套玉册，玉册上分别镌刻着唐玄宗及宋真宗禅地之祝祷文，进一步印证了封禅文化的真实性和蒿里山的历史文化价值。

古代帝王封禅活动的频繁开展形成了古泰城独特的空间格局——三重空间。泰山为"天堂仙境"，围绕岱庙的古泰城为"人间闹市"，泰山脚下的"小丘"蒿里山和社首山为"厚土大德"。由城市北部的泰山、中心城区的古泰城和古城以西的蒿里山共同构成了泰安传统城市格局，成为体现泰安城市特色的主要内容。

蒿里山地段位于城市中部，紧邻火车站。地段南侧的灵山大街为泰安贯通东西的景观大道，东部通天街及岱庙是体现传统城市格局的历史文化线，西部城市新区以行政中心为中心南北向展开，规划为时代发展线。财源街是城市的中心商业大街，汇集了泰安最主要的商业设施。

蒿里山和社首山所在地段由城市道路和铁路围合，占地规模27.7 ha。蒿里山山体完整，山上遍植桧柏树，环境肃杀。社首山已荡然无存，完全被近现代的城市建设所掩盖。地段内用地主要以居住类为主，包括不同时期的住宅小区和相关配套服务设施，整体环境品质较差。

☐ 关于项目

伴随城市发展建设，蒿里山地段现状与其历史文化内涵的严重脱节引起了政府的高度关注，结合旧城更新和对相邻地段财源大街的更新改造，政府相关部门又针对性地开展了蒿里山地段的整体规划设计研究，初步确定了通过蒿里山封禅遗址公园的建设带动地段的整体发展，以改变地段形象，凸显文化内涵，完善商业格局，提升城市吸引力和竞争力的地段发展策略。

新的地段整体规划方案确定了遗址公园范围，拟恢复蒿里山文峰塔、社首山及古祭坛，祭坛遵循古制，正南北方向布置，与泰山玉皇顶遥相呼应。除以上重点建筑外，严格控制山体范围内的建设活动，规划以绿化为主，营造"厚土大德"的历史文化氛围。综合考虑地段的拆迁和开发建设，确定在山体周边建设集文化、旅游、休闲、餐饮、娱乐等功能为一体的步行旅游和休闲商业区，一方面满足文化遗址公园的配套旅游服务职能，另一方面完善城市商业文化娱乐功能，规划建设总量100 000 m²。

☐ 规划设计要求

1. 根据地段整体功能定位，完成整个地段的规划设计。

2. 考虑地段的整体风貌，规划建筑限高12 m。

3. 结合周边道路，形成良好的区内步行系统，并配置公共停车设施。

☐ 规划内容要求

1. 遗址公园区：入口广场，绿化规划，步行流线，环境设施。

2. 步行旅游、休闲商业区：旅游服务中心，休闲商业街区，博物展示研究中心，文化娱乐设施，

客栈旅馆，集散广场等，各部分面积规模考虑市场运作规律自行确定。

☐ 规划成果要求

1. 规划总平面图（1:1000）。

2. 规划结构、技术经济指标、规划设计说明和其他分析图。

3. 总体鸟瞰图。

☐ 附图

附图1. 城市现状图

附图2. 地段现状图

附图3. 用地地形图

附图1　城市现状图

附图2　地段现状图

附图3　用地地形图

01.05.02 快题答卷（见图1.2、图1.3）

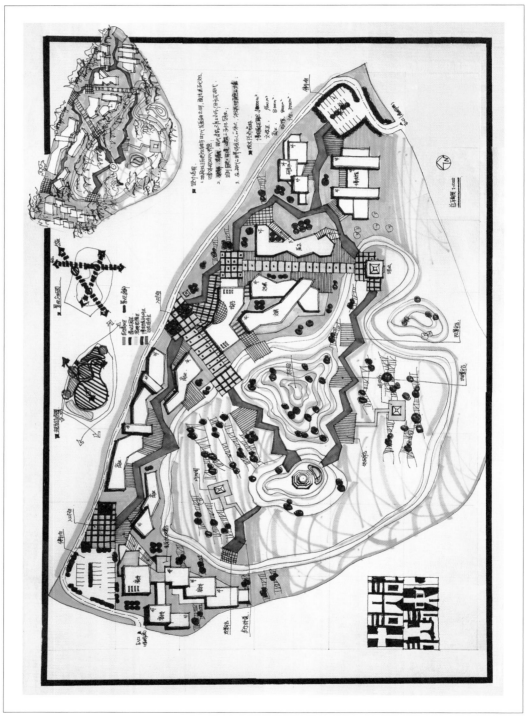

图1.2 考试答卷

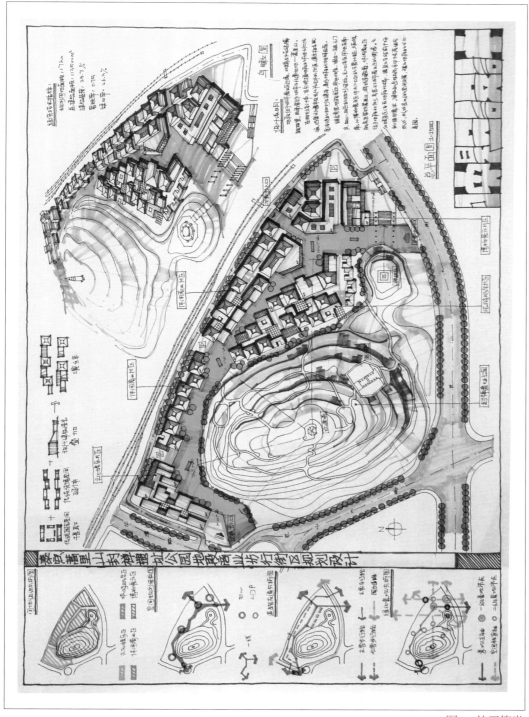

图1.3 练习答卷

02

知识准备——要素与组合

规划设计就是将规划地段中的所有空间要素按照一定的原则和方法，进行合理的布置与组织，以满足特定功能和活动需求的专业技术操作。掌握空间要素的特征和组合是开展地段空间布局的前提和基础，是规划快速设计的核心内容。本章围绕以上内容展开，主要包括：规划设计的基本价值取向，空间要素——建筑、道路、外部环境的技术知识和设计要点，空间要素的组合方式——实体建筑组合、实体建筑与外部环境组合等。

02.01 取向：观念知识

人本观　生态观　文化观　经济观　整体观

　　这里的观念知识指的是规划设计的基本价值取向。从城市规划的根本目标——为人的幸福生活营造适宜的空间场所出发，综合人、人的活动、场所特质等主体需求和客体环境特征，总结和概括规划设计的主要价值观念。

[人本观]

　　人是城市文明的创造者，也是城市文明的享受者，规划设计的根本目标是为人的幸福生活营造良好的空间环境。规划设计应当以人为本，综合考虑人的体质、性状、心理和行为特征，满足生理、安全、社会、心理和自我实现需求。充分考虑人的活动的多样性和差异性，并把空间环境适应这些活动的程度作为检验设计的根本标准。

[生态观]

　　生态环境是城市的基底，是人类赖以生存和发展的首要条件。规划设计应遵循可持续发展为原点，充分尊重城市的自然环境条件，综合气候、地形地貌、水文、植被等特定背景，确定适宜的规划策略和空间布局方案。维持自然生态系统的循环流动，以提高城市的生态环境质量，最终实现人与环境的相互依存，和谐发展。

[文化观]

　　城市在生长过程中，适应特定的自然环境和人文传统，逐渐形成了一个地方独有的风貌特色与精神气质。规划设计应充分把握城市与规划地段的基本文化特征，尊重环境风貌、历史遗存和场地特质，延续和传承地段特有的文化氛围，形成特色鲜明、可识别性强、让人们产生强烈归属感的城市环境，实现人文环境的可持续发展。

[经济观]

　　经济是城市发展的推动力，是城市保持活力和生命力的重要组成部分。规划设计应从城市的现实状况、外部环境和发展条件等方面入手，遵循土地的经济规律和商业开发模式，进行合理的用地组织和功能配置，确定规划地段的开发方式和开发强度，实现地段的土地价值和经济效益。

[整体观]

　　城市是一个由社会、经济、自然空间和建成环境系统共同构成的，处在运动发展过程中的有机整体和复杂巨系统。建成环境是这一系统在大地上的物化投影，受到城市性质、人口规模、自然基底、文化传统、价值观念、发展方向、经济实力等方面的制约与影响。规划设计要从社会现实出发，正确处理和协调各种关系，统筹不同的利益群体，实现社会效益、经济效益、生态效益和空间效益的平衡与共赢。

02.02 要素：技术知识

建筑　道路　外部环境

规划快速设计涉及的基本空间要素包括建筑、道路、外部环境等三个方面。建筑实体是实现地段功能和形成整体空间格局的主体；道路是组织活动和空间的骨架；外部环境是实现建筑功能组织、满足室外活动需求、形成整体空间结构和塑造环境氛围的重要组成。

- -

02.02.01 建筑

建筑实体是形成地段整体空间形象的核心要素，设计者应熟悉快题所涉及建筑类型的特征、布局、尺度和形态等。本节分别介绍住区、城市中心区和大学校园建筑的基本知识。

1. 住区建筑

住区建筑是承载居住功能的建筑实体，包括满足居民的日常生活需求的住宅建筑和相关配套公共服务设施（见图2.1）。

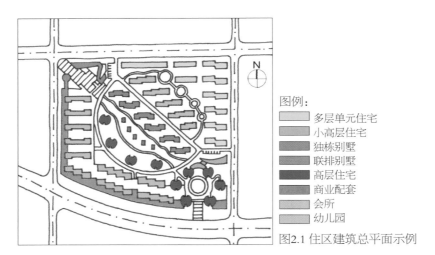

图例：

▨ 多层单元住宅
▨ 小高层住宅
▨ 独栋别墅
▨ 联排别墅
▨ 高层住宅
▨ 商业配套
▨ 会所
▨ 幼儿园

图2.1 住区建筑总平面示例

A 住宅建筑

■ 分类特征

低层花园住宅	多层单元住宅	小高层住宅	高层住宅
2～3层，包括独立和拼联两种类型。南北设独用庭院，日照、通风条件较好，生活十分舒适便利，机动车道直接到户	4～6层，公共楼梯解决垂直交通，用地较低层住宅节省，造价比高层住宅低。一般2～4单元组成板式，以南北向行列式布局为主	8～11层，平面布局类似多层，有载人电梯但无消防电梯。单体形态较灵活，包括点式或多单元板式，南北向布局为主	12层以上，设电梯作为垂直交通工具。以独栋点式为主，可拼接板式，布置应满足日照规范，注意建筑朝向

■ 总平形态

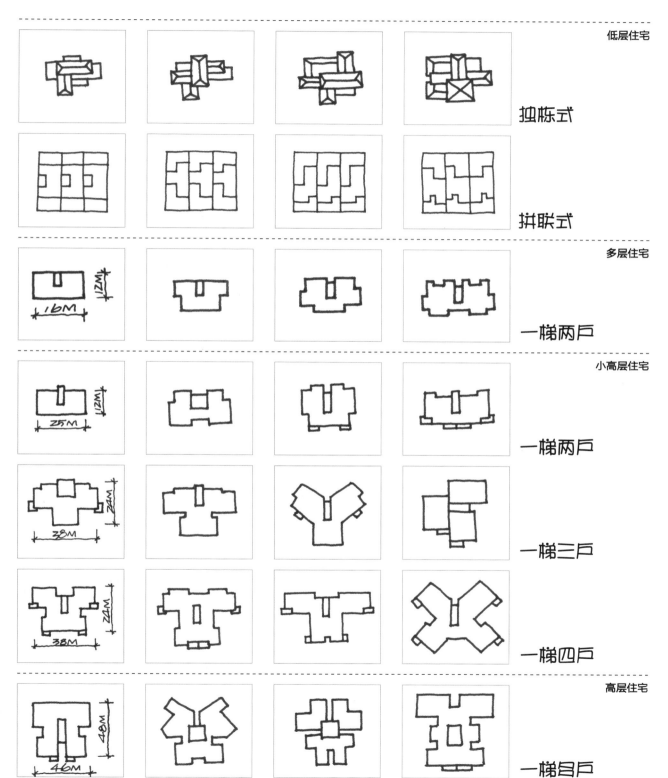

低层住宅

独栋式

拼联式

多层住宅

一梯两户

小高层住宅

一梯两户

一梯三户

一梯四户

高层住宅

一梯多户

B 配套建筑

配套建筑是住区内部的公共服务设施，满足居民日常生活、购物、教育、文化娱乐、游憩、社交活动需要，是社区生活的重要组成部分。主要包括幼儿园、小学、会所和商业配套设施等。

■ 分类特征

幼儿园	小学	会所	商业配套
学龄前儿童托管和教育机构，建筑一般为2～3层，拥有独立的活动场地，日照、通风条件好	6～12岁儿童的教育机构，建筑不超过4层，占地规模较大，设专门的运动场地和绿地	住区内部居民的休闲文化娱乐活动中心，其规模根据住区的大小各有不同	供住区内部及周边居民使用的商业服务设施，一般沿城市道路、利用住宅裙房或一层设置

■ 布局模式

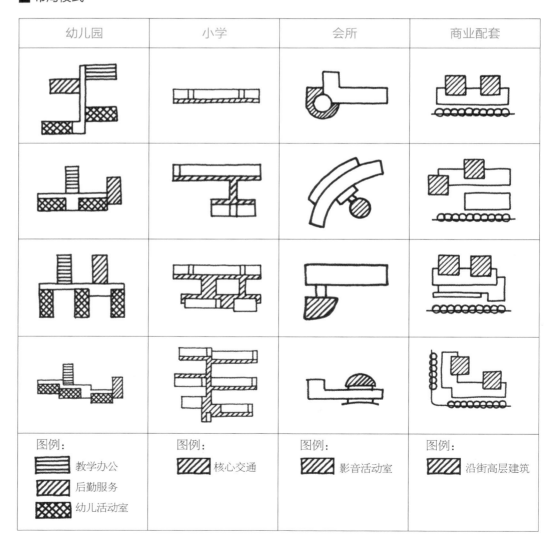

幼儿园	小学	会所	商业配套

图例：

幼儿园：教学办公、后勤服务、幼儿活动室

小学：核心交通

会所：影音活动室

商业配套：沿街高层建筑

■ 总平形态

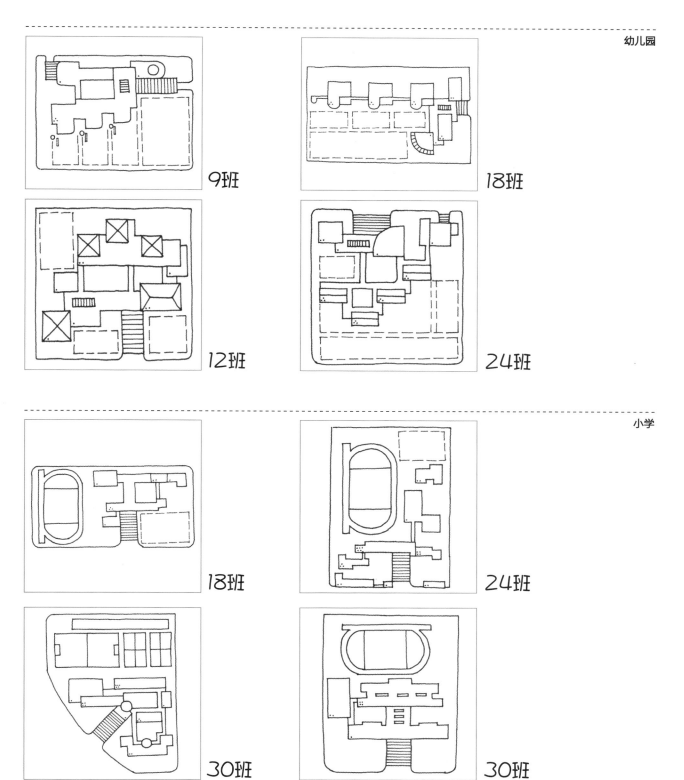

幼儿园

9班　18班　12班　24班

小学

18班　24班　30班　30班

2. 城市中心区建筑

城市中心区承载城市的商务、商业和文化职能，是反映城市性格与特征的核心区域，也是市民公共活动的集中场所。城市中心区建筑功能复合、形态各异，主要包括办公建筑、商业建筑及文化建筑等（见图2.2）。

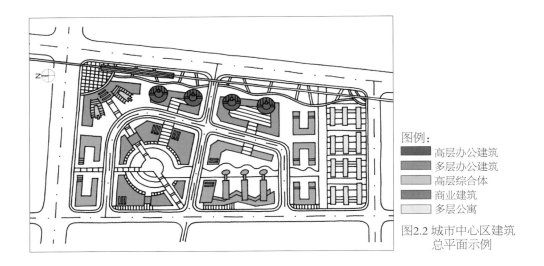

图例：
高层办公建筑
多层办公建筑
高层综合体
商业建筑
多层公寓

图2.2 城市中心区建筑
总平面示例

■ 分类特征

A 办公建筑

以办公功能为主。平面较为单一，通常成组出现，分为多层和高层两种类型。

多层办公建筑	高层办公建筑
6层以下，以普通办公、会议为主要功能，一般采用板式平面	6层以上，功能复合，通常兼顾商业、娱乐及居住等功能，包括点式和板式高层

B 商业建筑

以购物、休闲、娱乐、住宿为主要功能。平面尺度大、形态变化丰富、布局与组织方式自由灵活，主要分为大型购物中心、市场、商业步行街、旅馆等建筑类型。

大型购物中心	市场	商业步行街	旅馆建筑
综合性服务的商业集合体，以购物、娱乐、餐饮、休闲等功能为主，包括百货商店和复合型购物中心。建筑体量大，平面组织灵活	汇集农副产品、水产品、小商品、日用百货批发等的大型综合性市场。一般为单层大跨结构建筑	一般在城市中心区专门设置的步行区域，周边以商业建筑为主，包括小尺度的步行商业街和大尺度的现代步行商业街区	是供旅游者或其他临时客人住宿的营业性建筑

C 文化建筑

满足人们的文化活动需求。建筑形态完整、造型独特、位置突出，主要包括影剧院、文化馆、博物馆、会展中心等。

影剧院	文化馆	博物馆	会展中心
是专门用来表演戏剧、话剧、歌剧、歌舞、曲艺、音乐等的文化娱乐场所，独立设置时体型较规整，多厅影院一般设置在大型购物中心内部	是开展社会宣传教育、普及科学文化知识、组织辅导群众文化艺术活动的综合性文化事业机构和场所，形态变化较多	是供搜集、保管、研究和陈列、展览有关自然、历史、文化、艺术、科学、技术方面的实物或标本之用的公共建筑，形式各异	指大规模人群聚集在一起形成的、定期或不定期、制度或非制度的传递和交流信息的会议、展览、大型活动等集体性活动的建筑。一般为大跨建筑，体型简单

■ 总平形态

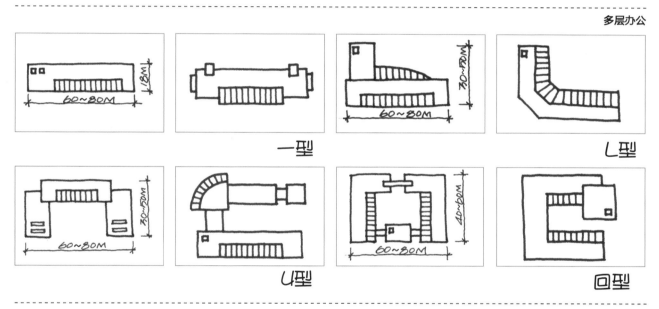

多层办公

一型　　　　L型

U型　　　　回型

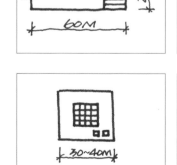

高层办公

板式

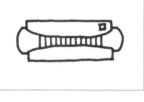

点式

购物中心

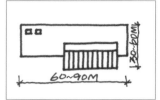
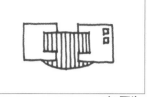
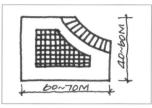

一字型

矩形

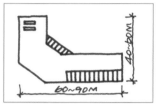
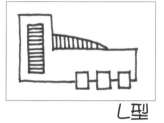
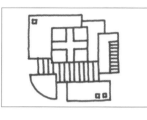

L型

组合型

市场

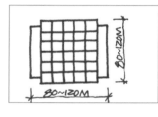
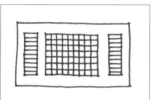

多层酒店

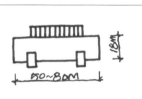
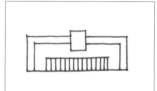

高层酒店

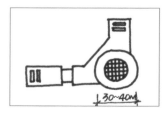
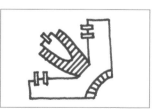
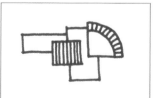
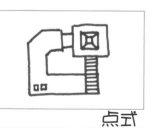

点式

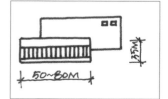
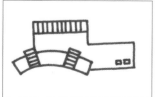

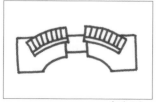

板式

其他

文化馆

博物馆

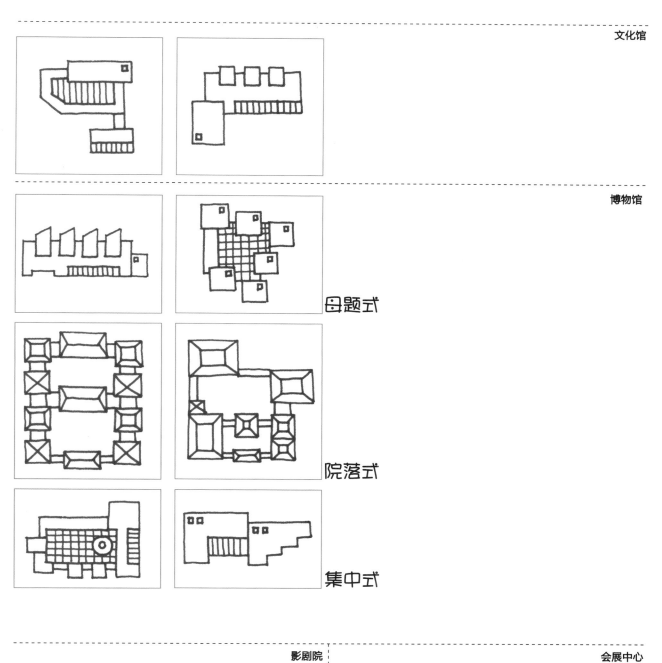

母题式

院落式

集中式

影剧院

会展中心

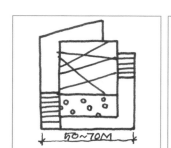

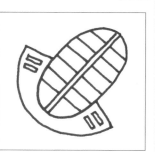

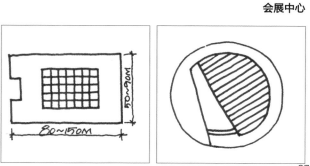

3. 大学校园建筑

大学校园建筑以教学、科研和生活配套为主，体型规整，尺度适宜，主要包括教学建筑、办公建筑、生活建筑和文体建筑等（见图2.3）。

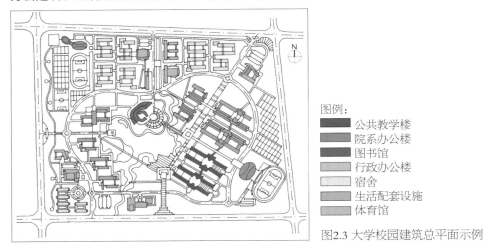

图例：
■ 公共教学楼
■ 院系办公楼
■ 图书馆
■ 行政办公楼
□ 宿舍
■ 生活配套设施
■ 体育馆

图2.3 大学校园建筑总平面示例

■ **分类特征**

A 教学建筑

指用于学生获取知识及培养专业技能的建筑，分为公共教学楼、综合楼、专业系馆和图书馆等。

公共教学楼	综合楼	专业系馆	图书馆
分为教学主楼和阶梯教室两类	分为教学实验楼和科研实验楼两类	进行专业教学及行政管理的教学用房	学校的文献信息中心，是为教学和科学研究服务的学术性机构

B 办公建筑

由党群机构、行政机构、辅助决策委员会及支撑体系组成的行政管理用房，办公建筑一般为多层板式或板式组合建筑，造型较简单。

C 生活建筑

指为学生日常生活提供服务的建筑，可分为宿舍、食堂和后勤服务等。

宿舍	食堂	后勤服务楼
学校师生居住生活用房	学校师生餐饮娱乐活动的综合性用房	学生生活服务、后勤、车库、仓库、维修等部门

D 文体建筑

为学生的课余文化生活及体育运动服务的建筑，主要有体育馆、风雨操场和大学生活动中心。

体育馆	风雨操场	大学生活动中心
以篮球馆为基础，同时可以满足一般性体育活动的运动场馆	功能相对简单的体育馆，一般无看台	集生活、学习、活动、娱乐等功能于一体的，供学生课外活动的设施

■ 总平形态

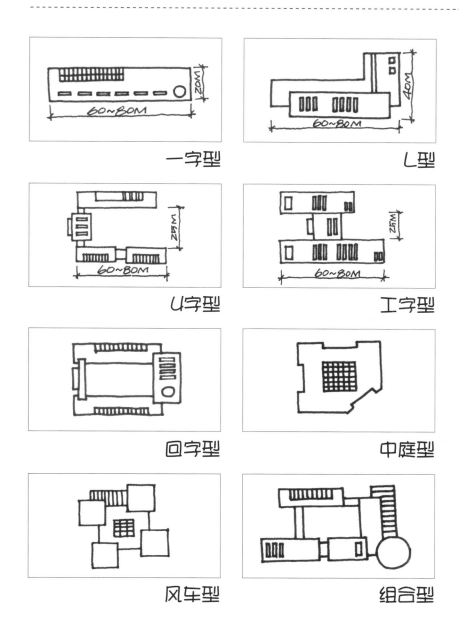

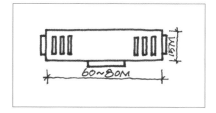

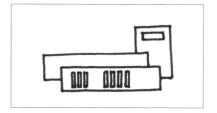

宿舍

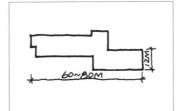 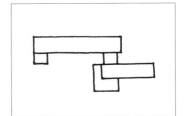

食堂

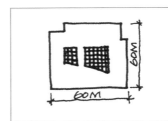 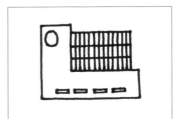

大学生活动中心

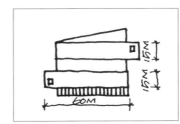 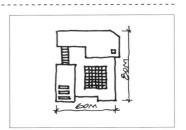

体育馆

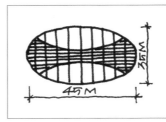 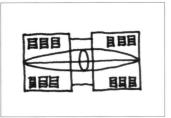

风雨操场

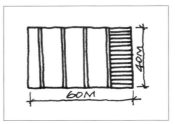 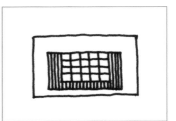

02.02.02 道路

道路是城市的骨架，是形成一个片区的主要结构要素。城市道路将城市划分为不同的街区，并与周围建筑及其他环境要素共同构成街道空间；片区内部道路把地段划分成若干组团，实现功能活动的联系，形成空间的基本组织构架；步行道是满足人们步行需要的主要道路。本节分别介绍城市道路、内部道路和步行道的特征和设计要点。

1. 城市道路

城市车行道根据其在城市道路系统中的作用和设计时速分为快速路、主干路、次干路和支路4大类。在规划快题中一般是作为背景条件给出的，需要设计者对其特征有基本的了解。

类型	快速路	主干路	次干路	支路
特征	一般在特大城市或大城市中设置，是通过中央分隔带将上、下行车辆分开，供汽车专用的封闭型快速干路。主要联系市区内各主要地区、市区和主要的近郊区，是对外联系的主要道路，车速快，通行能力强	是城市道路网的骨架，联系城市中心区、住宅区、工业区、港口、机场和车站等，承担着城市主要交通任务的干道。主干路沿线两侧不宜设置过多的行人和车辆入口，否则会影响道路通行	是市区内次要的交通道路，配合主干路组成城市干道网，起联系各部分和集散作用，分担主干路的交通负荷。次干路兼有服务功能，允许两侧布置吸引人流的公共建筑，并设相应的停车场	是次干路与街坊路的连接线，为解决局部地区的交通而设置，以服务功能为主。部分主要支路可设公共交通线路或自行车专用道，支路上不宜有过境交通
设计时速 /（km/h）	80	60	40	30
车道数量 /个	6~8	6~8	4~6	2~4
道路总宽 /m	35~45	40~55	30~50	15~30
转弯半径 /m	——	20~30	15~20	10~20
图示 （标注尺寸单位为m）				

2. 内部道路

内部道路是具有相对完整和明确边界的功能区内部主要车行道路，如城市中心区、住区、大学校园内的主要道路，是规划快题设计考查的内容之一（见图2.4）。

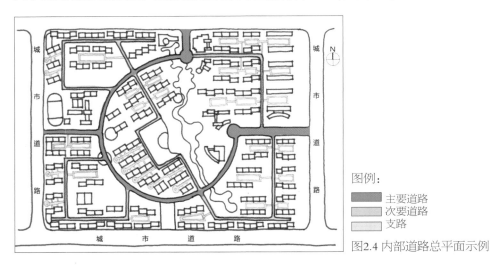

图例：
- 主要道路
- 次要道路
- 支路

图2.4 内部道路总平面示例

■ 分类特征

类型	主要道路	次要道路	支路
特征	用以解决规划地段内外的交通联系及内部主要功能组团之间的联系，是规划地段的主要结构要素	用以辅助解决地段内主要功能组团的交通联系以及组团内部交通	联系地段内建筑出入口与次要道路
车道数量 /个	2~4	2	1~2
道路总宽 /m	15~25	10~15	6~10
转弯半径 /m	15~20	10~15	3~6
图示			

■ 设计要点

根据地形、用地规模、周边用地性质、周边道路性质及使用者的出行方式，选择经济、便捷的道路系统和道路断面形式。内部道路的线形设计与地段的功能属性、规划结构有关，具体内容查阅第4章。本节主要侧重内部道路的技术规范问题。内部主要道路至少应有2个出入口与外围道路相连，机动车道对外出入口间距不应小于150 m。沿街建筑物长度超过150 m时，应设不小于4 m×4 m的消防车通道。区内道路与城市道路相接时，其交角不宜小于75°；人行出口间距不宜超过80 m，当建筑物长度超过80 m时，应在底层加设人行通道。

3. 步行道

步行道是满足人们步行需要的道路，根据其在城市中的位置、周边环境特点及主要功能可以分为以下5种类型：

类型	特征	图示
道路人行道	所有的城市道路两侧都会设置人行道，满足行人通行需要。人行道以硬质铺地为主，通常结合道路绿化设计，宽度根据道路性质不同而定，一般在4~15m。人行道铺装设计根据道路宽度和重要性酌情考虑	
滨水步行道	一般沿滨水的堤岸会形成城市绿化带。滨水步道连接堤岸的各个景点，同时与水面保持良好的关系，实现人的亲水性。有的利用河岸高差，做成坡道或台阶，形成立体景观；有的设置伸向水面的平台，把步行系统和水面很好地结合在一起	
绿地步行道	是指在大型公共绿地中的步行道，连接绿地中的各个景点，满足人们在绿地中散步、行走和休息需求。在整个绿地中，可以以一条步行道为主，穿插多个步行小道，合理划分绿地，形成不同的片区。步道宜曲不宜直，宜变化不宜平淡	
高架步行道	包括高架步行道、空中走廊及过街天桥等。行人和车辆各取其道，完全避开了相互的干扰，保证步行安全。在商业街区、商务楼群和居住区规划中，高架步行道和空中连廊的方式很好地解决了人车分行问题，有效地提升了活动品质	
商业步行道	是指在交通集中的城市中心区设置的行人专用道，并在两侧集中布置商业设施形成商业步行街。步行道内设置绿地、水体和景观设施小品，形成良好的步行环境。商业步行道是城市中心类快速设计中经常涉及的内容，设计者应给予充分的重视	

4. 机动车停车、回车场

根据车辆停放方式可以分为平行式、垂直式和斜列式，根据场地平面位置的不同可分为路边停车场和集中停车场，本节图示为小汽车数据。

■ 分类特征

A 停放方式

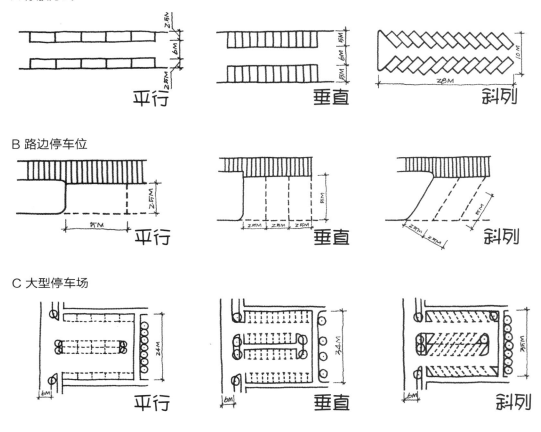

B 路边停车位

C 大型停车场

D 回车场

当尽端式道路的长度大于120 m时，应在尽端设置不小于12 m×12 m的回车场地。尽端式消防车道应设有回车道或回车场，回车场不宜小于15 m×15 m。大型消防车的回车场不应小于18 m×18 m。

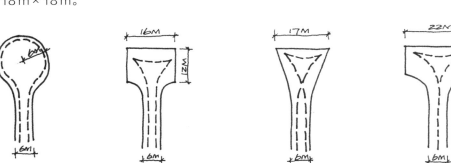

■ 设计要点

　　大型公共建筑附近必须设置与之相适应的停车场，一般位于大型建筑物前且和建筑物位于道路的同一侧。停车场距公共建筑出入口宜采用50～100 m。集中停车场的服务半径不宜过大，一般不超过500 m。

　　50～300个停车位的停车场，应设两个出入口。大于300个停车位的停车场，出口和入口应分开设置，两个出入口之间的距离应大于20 m。1500个车位以上的停车场，应分组设置，每组应设500个停车位，并应各设有一对出入口。停车场的出、入口不宜设在主干道上，可设在次干路或支路上并远离道路交叉口；不得设在人行横道、公共交通停靠站及桥隧引道处。单位停车面积的估算：小汽车为25～30 m²。标准小汽车停车位尺寸为2.5 m×5 m。

02.02.03 外部环境

　　外部环境指实体建筑的外部开放空间，满足建筑之间采光、通风、防火等要求，也是开展室外活动的主要场所。外部环境和建筑实体共同构成了地段的整体空间形象。大致上可以分成公共性活动场地、半公共性活动场地和专用场地，即广场、庭院、绿地、水体和运动场等。

1. 广场

　　广场是典型的公共开放空间，城市居民特定公共活动集中开展的地方。一般位于城市道路的交汇处、空间结构的转换处及城市或片区的中心位置。作为城市或片区的核心空间，广场应充分体现其精神内涵和形象特征。广场通常以硬质铺地为主，由建筑物围合或限定形成，发挥形态控制中心和形象中心的作用，把周围各个独立的功能单元联系起来，组成一个有机整体。

■ 分类特征

　　规划快速设计中可能涉及的广场按照用途分类，包括城市公共性广场、功能区中心广场、节点广场、步行联系广场和建筑周边广场等。

类型	特征
城市公共性广场	服务全体市民，展示城市形象，为市民提供多样化的日常交往与社会实践的活动场所。根据功能性质可以分为市政广场、纪念广场、交通广场、商业广场、文化广场、休闲及娱乐广场等
功能区中心广场	在不同的城市功能区内部设置的供内部人员活动的核心广场。如：住区中心休闲广场，大学中心文化广场等
节点广场	街区级中心广场，为街区内的市民提供日常休闲、交往活动的场所。如：街角节点广场，街区入口广场等
步行联系广场	控制步行节奏，联系步行路径，为线状的步行提供短暂的停留、休息空间。如：路侧带形广场，步行街区带形广场
建筑周边广场	临近建筑外墙，具有一定规模的硬质场地，主要起集散人流的作用。如：大型公建入口广场

■ 设计要点

在规划快速设计中，广场设计包括四个阶段：第一个阶段是定位，即明确广场的类型、位置；第二阶段是定形，即明确广场与周边环境的关系及广场的总体空间形态等；第三阶段是结构设计，即明确广场主要出入口、核心节点和联系通道；第四阶段是环境设计，即确定绿化、水体及地面铺装等。另外需要注意各广场之间的联系，以形成结构清晰、秩序明确的广场序列和组合。

第一阶段：定位

第一步确定广场的类型与位置。根据规划地段属性和整体规划结构，确定合适的广场类型和位置。如住区应设置住区中心绿化休闲广场；城市中心区应根据周边建筑性质，明确广场的具体类型，如商业广场、文化广场、休闲娱乐广场等；大学校园应设中心文化广场等；大型公共建筑周边应设置疏散广场；步行街应根据步行节奏设置节点广场；街区出入口和街角应设置节点广场。

第二阶段：定形

第二步确定广场的尺度与形态。根据广场的空间比例关系（$L=H$较小的广场，尺度宜人，一般应用于商业街的中心广场；$H<L<2H$尺度合适，一般应用于商业文化娱乐广场；$L>2H$大尺度的广场空间，一般用于纪念性、交通性的广场。L为广场宽度，H为周边建筑高度），确定广场的尺度，一般不超过2 ha。广场的形态与广场性质和建筑组合形式有关。一般情况下文化类广场相对比较完整，以方形、矩形居多；商业类广场形态较为灵活，应充分考虑广场与周围商业建筑的相互融合。

第三阶段：结构设计

第三步确定主要出入口、核心节点和联系通道。一般情况下，广场是一个地段的核心场所，发挥着地段空间枢纽的作用，应综合考虑地段的总体规划结构、周边环境条件、广场功能定位、建筑功能组织和活动流线，确定广场主要出入口、核心节点和主要通道，形成明确的空间序列，增强方位感、秩序感和导向性。

第四阶段：环境设计

第四步确定广场的绿化、水体及地面铺装等方面的环境设计。环境景观的深入设计要充分体现广场的功能和空间属性，应避免过于单一的硬质铺地广场，利用树木、草地、水体、雕塑等活跃广场景观。环境设计对于方案的整体表达具有重要的作用，具体内容见设计图解。

■ 设计图解

A 广场通道

　　根据周边环境、建筑组织和活动流线，确定广场主要出入口和主要通道，形成明确的空间引导和整体秩序。

 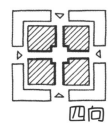 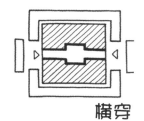 

斜穿　　四向　　横穿　　单侧

B 广场绿化

　　广场绿化具有改善小气候、限定空间和柔滑环境的作用，可以通过树木、花坛和草坪进行空间组织和环境点缀。树木组合以阵列为主，草坪花坛宜规整，与铺地划分形成关联。

 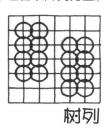 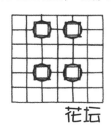 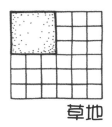

树阵　　树列　　花坛　　草地

C 广场水体

　　广场中引入一定的水体，可以点缀环境、活跃画面。水面不宜过大，一般以几何形的水池为主，同时要注意与整体环境的协调与融合。

 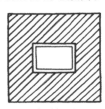 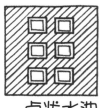 

线形水渠　　群状水池　　点状水池　　几何水面

D 地面铺装

　　地面铺装应符合空间性质和广场功能。快速设计中通过线条和色彩的合理搭配表达不同类型的广场。设计中可以局部设置踏步和台阶，起到划分空间、控制节奏的作用。

 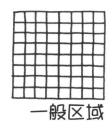 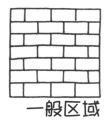 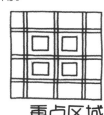

一般区域　　一般区域　　一般区域　　重点区域

2. 庭院

庭院是地段内具有半公共性质的开放空间。或由建筑和建筑围合而成，或由建筑和连廊围合而成，是人们室内活动场地的扩大和补充，起到组织和完善室内空间，实现与自然空间过渡的作用。庭院一般包括以硬质铺地为主的庭院和以软质绿化为主的庭院，它们构成了规划方案的一个结构层级，体现了方案的结构灵活性和层次丰富性。在快速设计中，应注意方案的整体效果，控制设计深度，既要避免过于简单的庭院设计，也无需太过繁琐。

类型	特征	图示
硬质铺地庭院	由办公类建筑围合而成的半公共空间，满足办公人员休息活动及停车需求，一般以大面积硬质铺地为主。环境设计较为规整、简洁	
	由教学类建筑围合成的半公共空间，满足师生休闲活动的场地，以硬质铺地为主，兼有绿化布置。环境设计较灵活，绿化铺地相互穿插	
软质绿化庭院	由住宅楼围合的半公共空间，满足居民日常活动、休憩、娱乐等需求的场地，一般以大面积绿化为主，兼有活动场地。环境设计自由，植物配置丰富，强调空间的趣味性	
	由商务办公楼群等围合或半围合形成的绿化景观性小庭院，以绿化水景为主。环境设计丰富，通过主题景观营造良好的视觉中心	

3. 绿化

绿化是建筑外部空间的软质环境要素，其功能主要是美化环境，观赏游憩或分隔空间等。一般由各种植物组合形成，在建筑的外部空间形成相对完整的独立体系。在规划快速设计中，绿化往往是凸显环境设计，丰富图面层次的重要元素（见图2.5）。

■ 分类特征

类型	特征
公共绿地	包括各类公园及城市的绿地广场，一般面积比较大
专用绿地	包括住区、校园等功能区内部的核心绿地
庭院绿地	包括小游园、庭院和宅边绿化等
街道绿地	包括各种道路用地上的绿地及行道树、隔离绿带、道路交叉口的绿岛等
防护绿地	包括各种防护林带

■ 设计要点

设计中的绿化设计包括两个阶段：第一个阶段明确绿地属性，确定组织方式，划定绿地范围；第二个阶段是具体的环境设计，考虑各种植物的选择与布置，园路和环境设施的分布等。考虑规划快题考试特点，可以适当简化环境设计内容，本节重点介绍总体定位和种植设计。

第一阶段：总体定位

类型	特征与设计要点
核心型绿地	是重要的公共开放空间，承载游憩、休息、观赏等多重功能，空间组织丰富。在快题设计中，是整个空间的焦点，应结合空间结构确定其位置和规模
节点型绿地	是半公共开放空间，功能与相邻的建筑功能需求相一致，空间组织较为简单。在快题设计中，通常结合功能组团布置，规模较小，数量较多
分隔型绿地	发挥分隔不同功能单元的作用，主要呈线性。在快题设计中，是加强空间结构的重要手段，包含道路绿化、水岸绿化等
基底型绿地	除上述绿地类型之外的绿地。在快题设计中，与空间结构无关，一般在建筑周边等边角地带，是整个图面的基底，表达简单，与其他绿化形成明确的层次关系

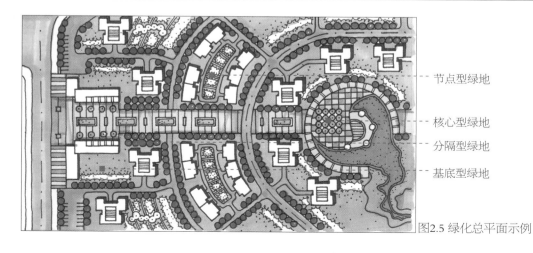

节点型绿地

核心型绿地

分隔型绿地

基底型绿地

图2.5 绿化总平面示例

第二阶段：环境设计

A 树木

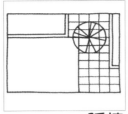 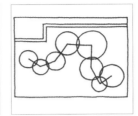 

孤植　　　　　　　　对植　　　　　　　丛植　　　　　　　自由群植

选用良好形态的乔木或　两株景观树在庭园对应　2～9株树木不等距栽　结合用地边界，自由排
灌木，单株栽植，构成　栽植，互为呼应。　　植，形成一个树丛。　　布、植株搭配，形成较
庭园主景。　　　　　　　　　　　　　　　　　　　　　　　　　大面积灌木丛。

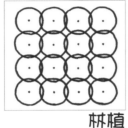 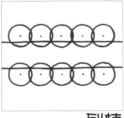 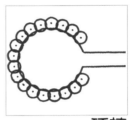 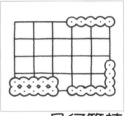

林植　　　　　　　　列植　　　　　　　环植　　　　　　　几何篱植

大量树木的聚合。具有　沿直线或曲线以等距离　树木环绕列植，形成明　行列式密植类型，分为
一定密度和群体外貌，　或在一定变化规律下栽　确的空间领域。　　　　矮篱、中篱和高篱。
有密林和树林之分。　　植树木。

B 草坪

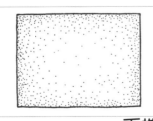 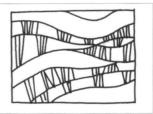 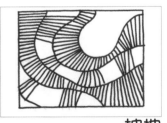

平地　　　　　　　　微地形　　　　　　坡地

C 空间塑造

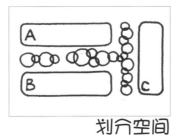 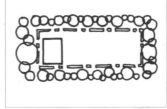 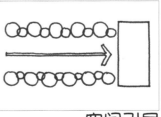

划分空间　　　　　　形成界面　　　　　空间引导

4. 水体

水体是外部环境设计中的重要因素之一。它可以净化空气、调节小气候、优化环境，同时又能够增加环境的艺术魅力和趣味性。水体一般没有固定的形态，在平面构图中可以起到活跃画面、丰富室外空间层次与景观内容的作用。在规划快题中，灵活、流动的水体，常常用来组织景观，引导、划分空间，形成环境与视觉的焦点。

■ 分类特征

水体依据形态可以分为点状喷水类、线状流水类和面状池水类。

类型	特征
喷水类	指在水压作用下从特别喷头喷出的水流，为点状水体。旱喷泉是经常采用的方式
流水类	指形态呈线形的水体。具有一定的方向性和运动性，广泛分布在居住区、广场与庭院中，和环境结合比较紧密，可以利用水体的流动性增加环境趣味，形成生动活泼的城市公共环境
池水类	营造静态的水面，形成良好的景观。岸线设计是主要内容，与活动特点、周边景观及环境氛围有关

■ 设计要点

水体设计实际有两个阶段：第一个阶段是结构层面的定位规划，即明确所需要的水体类型、位置、空间形态等；第二阶段是环境设计，在规划快速设计中，水体的环境设计主要体现在岸线的设计上。

第一阶段：定位规划

类型	特征
集聚型	集聚型水体分为点状或面状形态，一般位于规划地段的核心位置，与中心广场或绿地结合，强化向心性和内聚性，形成方案的景观中心和视觉焦点
引导型	引导型水体一般呈线性分布，作用是引导和联系各空间功能，形成空间核心领域与各个功能组团之间的联系通道，并构建地段公共空间的整体景观系统

第二阶段：岸线设计

类型	特征	图示
几何直线形	几何直线形水体与规划地段中的建筑和场地形态关系一致，在规划快题设计中起到辅助和强化的作用，通常与硬质铺地为主的广场和步行联系空间结合，强化广场的结构中心作用和线性空间的导向性	
几何曲线形	几何曲线形水体一般以线形为主，通常结合地段的整体规划结构设置，利用其与建筑和场地形态的内在逻辑关联，形成秩序清晰、结构明确、空间层次丰富的整体规划方案	
自由曲线形	自由曲线形是指岸线采用自由曲线的水体，多与绿化结合布置，是典型的造园手法。在快题中多采用线面结合的布局方式，多用于公园绿地内，易形成富有层次感和趣味性的空间	

5. 运动场

城市中用于体育锻炼或比赛的场地。常用的运动场主要有篮球场、排球场、网球场、羽毛球场、壁球场、标准足球场、400 m跑道和200 m跑道。运动场由于使用性质的要求，一般应该与对工作、学习环境要求较高的区域有明显的空间分隔。运动场的长边应南北向放置，避免眩光（以下图中标注尺寸单位为m）。

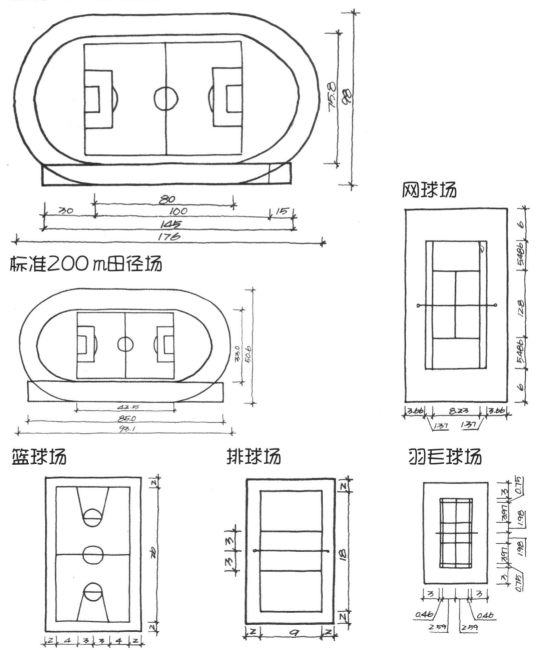

标准400 m田径场

标准200 m田径场

网球场

篮球场

排球场

羽毛球场

02.03 组合：规划设计

规划原则　建筑组合　建筑与外部环境组合

空间要素的组合关系和结构形态是方案构思的直接体现。本节主要介绍要素之间的组合关系。设计者在掌握基本空间要素特征、形态和设计要点等的基础上，要把握各要素之间的组合关系，并运用这些组合关系形成符合地段特征和功能要求的结构形态。

02.03.01 规划原则

在满足基本功能要求的基础上，建筑群体组合设计应符合人们的行为、心理和视觉审美习惯，形成和谐统一的整体空间形态。总的来说，建筑组合应遵循以下基本原则。

1. 功能组织合理

符合总体功能组织，确定建筑群体合理的布局与位置；

满足基本使用需要，确定建筑群体适宜的规模与数量；

满足不同建筑之间的使用联系，形成整体的功能组织；

满足人们的公共活动要求，创造多种类型的开放空间；

满足日照、采光、隔噪、防火、防灾要求，符合建筑设计规范；

满足疏散、出入、停车等需求，设置合理的外部场地。

2. 空间形态完整

符合现状条件，适应地段的空间环境特征；

满足人的认知需求，形成完整的空间单元；

满足任务要求，创造符合地段性质的空间形态；

综合内外交通，形成联系便捷的交通系统；

确立整体构架，形成清晰明确的空间格局。

3. 场所环境宜人

尺度适宜，营造多样统一的整体环境；

空间丰富，营造良好舒适的活动场所；

层次清晰，符合人群的社会活动特征；

核心明确，营造秩序清晰的空间脉络；

整体融合，形成建筑场地共生的整体环境。

02.03.02 建筑组合

建筑组合就是把若干栋单体建筑组织成为一个布局合理、空间有序的建筑群，构成地段基本的空间单元。建筑组合主要与使用要求、场地环境和空间联系等条件有关。本节主要介绍空间组合的形态问题，包括规划快速设计涉及的住宅建筑、商业建筑和办公（教学）建筑等。群体空间形态应重点考虑各建筑体型之间的彼此呼应、多样统一，所形成的外部空间联系紧密、秩序清晰。

1. 住宅建筑组合

住宅建筑组合应综合考虑日照、通风、朝向、防火、交通、防震、生理等功能要求，同时满足日常活动、邻里交往、休憩娱乐等社会活动要求及空间围合、领域感等认知要求。规划快速设计中的住宅建筑组合主要涉及多层和高层住宅，点式和板式住宅的组合。总体上，可以归纳概括为行列式、周边式、点群式、混合式等组合方式。

A 行列式

行列式指建筑按照一定朝向和间距成排布置的形式。行列式能够使绝大多数房间获得良好的日照和通风。如果处理不好容易造成单调呆板的感觉，也易产生穿越交通的干扰，为了避免这些缺点，在规划设计时可以采用一些变化的形式。

单元交错

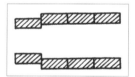 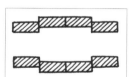 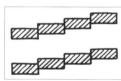 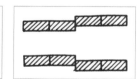

建筑交错

形态扭动

 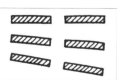  

B 周边式

周边式是指建筑沿街坊或院落周边布置的形式。周边式形成较封闭的院落空间，便于组织公共绿化和休息场地。这种布置形式易造成一部分房间朝向较差，有的还形成转角的建筑单元，不利于使用。在具体设计时可以采用一些变化的形式来避免这些缺点。

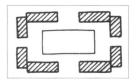 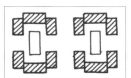 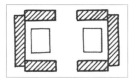 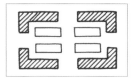

C 点群式

点群式是指以一组或几组点式建筑组合的形式，高层住宅建筑大部分采用这种方式。这种组合方式适应性强，布局灵活，既能够充分满足住区日照和通风等基本要求，也能够形成丰富的空间和景观层次。

 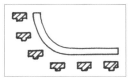 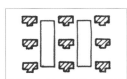 

D 混合式

混合式是指以上三种形式的组合形式，集多种形式的优点于一身，有利于住区的空间组织和景观营造。例如，可以以行列式为主，局部布置若干点式住宅，或者以行列式为主，以少量住宅或公共建筑沿道路或院落周边布置。

 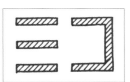 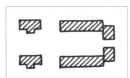 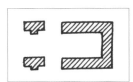

E 其他

除以上常规的组合方式外，结合建筑形式的变化也会形成不同的组合，在设计中应适应环境条件灵活设置。

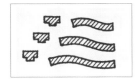  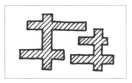 

2. 商业建筑组合

商业建筑按照聚合形态可分为点式、线型、面状和体式。点式和体式基本上是独立式商业建筑，或围绕内部中庭展开，或利用高层建筑在垂直方向上进行功能和形态组织。涉及单体建筑组合的主要是线型的商业街和面状的复合商业街区两种类型。

A 步行商业街

步行商业街分小尺度的传统商业街，大尺度的现代商业街及混合模式的商业街。在规划设计时，应考虑街道空间的连续性、完整性及适当的节奏与变化，形成良好的步行环境。

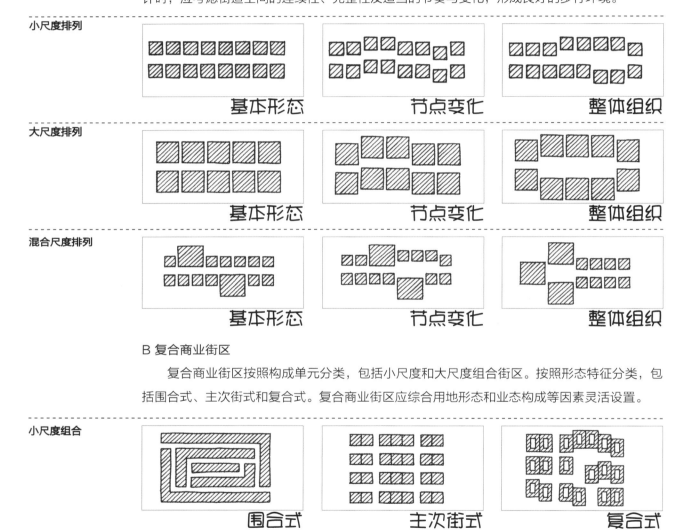

B 复合商业街区

复合商业街区按照构成单元分类，包括小尺度和大尺度组合街区。按照形态特征分类，包括围合式、主次街式和复合式。复合商业街区应综合用地形态和业态构成等因素灵活设置。

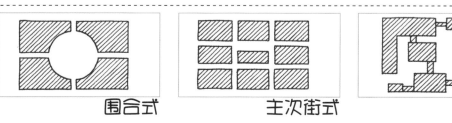

3. 办公（教学）建筑组合

办公及教学类建筑的组合方式基本一致，大体上可以分成对称式、线性式、行列式、围合式和放射式等。在具体的规划设计中，应结合用地条件和规划结构灵活组织。

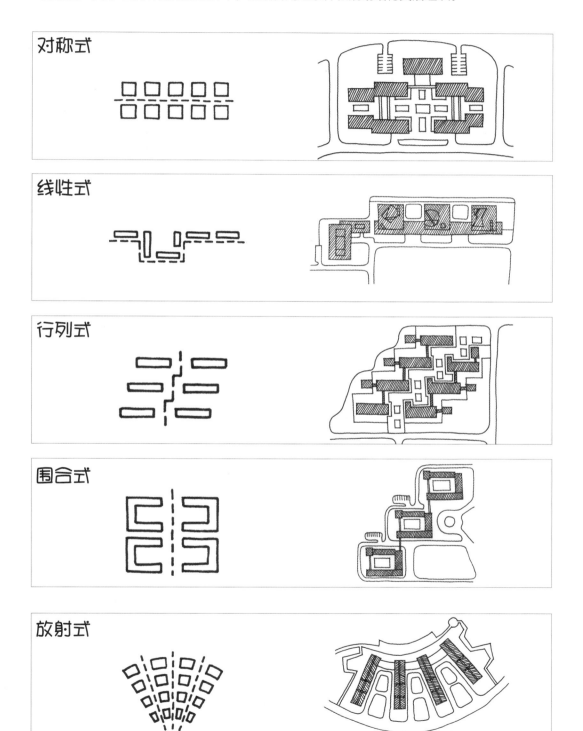

对称式

线性式

行列式

围合式

放射式

02.03.03 建筑与外部环境

建筑与外部环境共同构成了满足人们各种活动需要的空间场所。如何处理好建筑与道路、场地、绿化和水体等外部环境的关系是规划快速设计考查的基本内容之一。建筑与其外部环境的组合需要考虑以下三个层面的问题。

1. 建筑适应外部环境

外部环境是任务书给定的条件之一,包括地形、道路和水体等方面。建筑布局要顺应环境,强化和凸显场地有利的形态特征,规避不利条件。

建筑与坡地

沿等高线平行排列

沿等高线错动排列

沿等高线垂直排列

建筑与道路

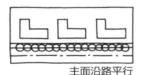
主面沿路平行

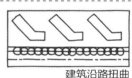
主面沿路垂直

建筑沿路扭曲

建筑与水体

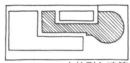
水体引入建筑

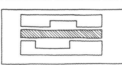
沿水形成公共空间

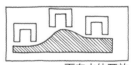
面向水体开放

建筑与环境

引入绿化的视线

保留绿化成建筑内景

建筑散布于绿化之中

2. 建筑营造外部空间

建筑实体形成外部环境的空间尺度与形态。规划应该从人对空间的视觉感受出发,根据使用性质和空间特性选择适度的建筑体量与形态。

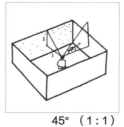
45°(1:1)
空间全封闭

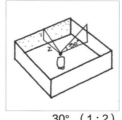
30°(1:2)
封闭的界限

18°(1:3)
最小的封闭

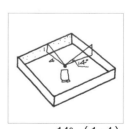
14°(1:4)
不封闭

3. 建筑与外部环境要素组合

外部空间环境要素主要指广场、绿化和水体等。在设计中，彼此因借，共生互融，形成整体的空间形态和良好的环境品质。

A 建筑与广场

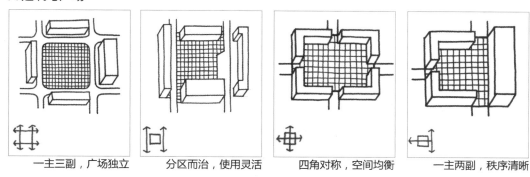

一主三副，广场独立　　分区而治，使用灵活　　四角对称，空间均衡　　一主两副，秩序清晰

B 建筑与绿化

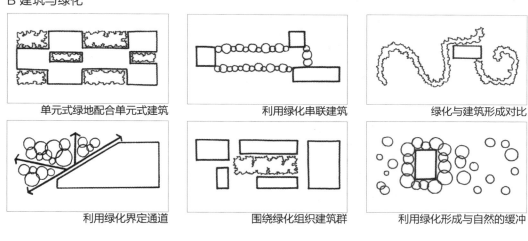

单元式绿地配合单元式建筑　　利用绿化串联建筑　　绿化与建筑形成对比

利用绿化界定通道　　围绕绿化组织建筑群　　利用绿化形成与自然的缓冲

C 建筑与水体

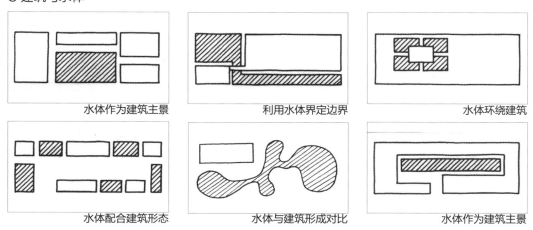

水体作为建筑主景　　利用水体界定边界　　水体环绕建筑

水体配合建筑形态　　水体与建筑形成对比　　水体作为建筑主景

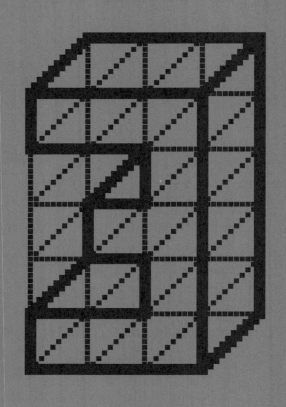

03

表现准备——内容与表达

快速设计

最终通过图纸的方式表达设计理念和空间方案，有效的表达可以起到事半功倍的效果，因此需要进行图纸表现的充分准备。本章主要包括：第一，内容的准确性，介绍快速设计成果的主要内容即"三图""三字"的构成及要求；第二，表达的有效性，介绍图面表达的基本内容，包括徒手表现技巧、提高徒手表现能力的方法、绘图工具及图纸的特性与使用技巧等。

03.01 内容准确：快速设计成果构成
"三图"内容与要求   "三字"内容与要求

内容的准确性是图纸表现首先要强调的。根据城市规划快速设计的基本特点和要求，我们把快速设计的成果概括为"三图"（即总平面图、规划分析图、鸟瞰图）和"三字"（即标题、设计说明和技术经济指标）。除此而外，有时还会要求绘制沿街立面图、小透视图、节点放大图等（见图3.1）。

成果		主要内容	主要注释
「三图」	总平面图	建筑、道路、外部环境的总体布局	图名、比例尺、指北针、建筑层数、主要建筑性质、主要场地性质、主要出入口、周边道路名称等
	规划分析图	用地组织、空间结构、道路交通、绿化景观	图名、图例
	鸟瞰图	地段的三维空间透视图	图名
「三字」	标题	题目	
	设计说明	设计概念、用地布局、规划结构的整体介绍等	
	技术经济指标	总用地面积、总建筑面积、各主要部分用地面积、各主要部分建筑面积、容积率、建筑密度、绿地率、绿化覆盖率、停车位等	

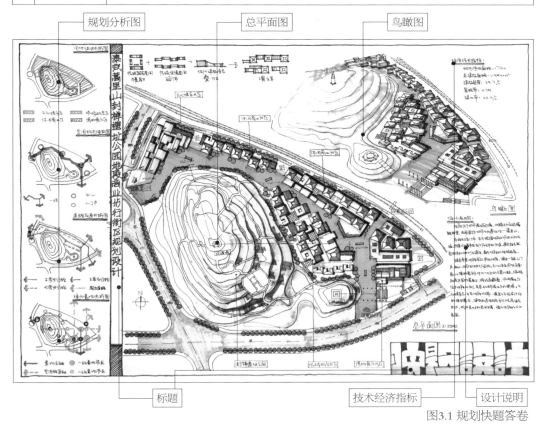

规划分析图　　　总平面图　　　鸟瞰图

标题　　　技术经济指标　　　设计说明

图3.1 规划快题答卷

03.01.01 "三图" 内容与要求

> "三图"包括总平面图、规划分析图和鸟瞰图，是规划快题成果的主要内容。三个部分相互补充，从不同角度共同构成了对方案的诠释，缺少其中任何一部分，都会影响对设计构思和空间方案的理解。

1. 总平面图

总平面图作为规划快速设计最重要的设计成果，是反映设计构思和评价方案优劣的核心图纸，设计者应予以高度重视（见图3.2）。总平面图是地段规划设计总体布局图，是通过恰当的图示语言（线条、色彩、模式化图形），按照一定的规范和比例绘制，表示规划地段建筑、道路、外部环境等总体布局和空间关系的图纸。总平面图中应包括以下内容：

- 规划用地范围，道路红线、用地红线等主要控制线；
- 原有地形地貌的保留、改善或改造形式；
- 保留、新建建筑物、构筑物的位置、轮廓、屋顶形式、层数、性质；
- 道路、广场、停车场、停车位等的位置、平面形式和布置，地下停车场出入口位置；
- 绿化、广场、铺地、步道及环境设施的位置、形式和布置示意；
- 图名、建筑层数、主要出入口、主要建筑功能、主要场地功能、道路名称、指北针、比例尺等。

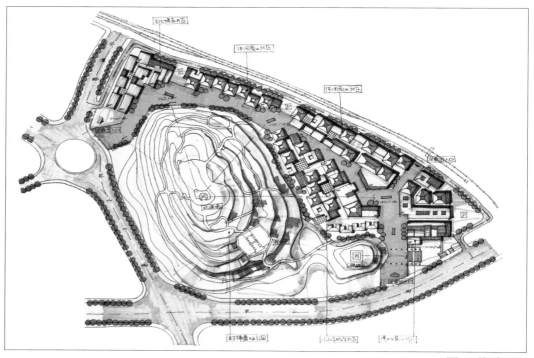

图3.2 总平面图

2. 规划分析图

规划分析图作为设计方案的结构性提炼与概括，能够清晰有效地表达整体构思和结构特征，呈现规划设计特点，从而加快评阅人对方案的理解（见图3.3）。规划分析图一般采用模式化的图示语言表达规划结构信息，主要包括以下内容：

- 用地组织分析图，地段主要功能单元的用地组织规划；
- 空间规划结构图，地段的整体空间构架，包括主轴线、次轴线、入口空间、核心空间等；
- 道路交通分析图，地段道路交通的组织，包括周边道路、内部主要道路、次要道路、步行路等；
- 绿化景观分析图，地段绿化景观的整体组织，包括中心绿地、组团绿地、景观视线等；
- 图名、图例等。

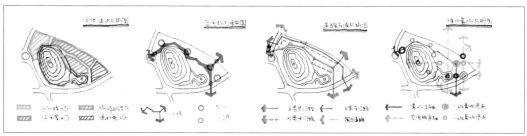

图3.3 规划分析图

3. 鸟瞰图

鸟瞰图可以直观地呈现建筑群体的三维空间效果和空间特色，是设计成果中最具表现力的图纸。鸟瞰图具体指从高于视平线的位置观察地段时绘制的空间透视表现图，包括两种类型：第一种是按照实际的透视效果绘制的，无比例、接近真实场景、表现力充分、绘制难度较大；第二种是以轴测图的方式绘制，空间表现准确，易于把握。徒手绘制鸟瞰图要求设计者具备一定立体几何常识、透视知识和快速徒手表现技能（见图3.4）。

图3.4 鸟瞰图

03.01.02 "三字"内容与要求

> "三字"作为图纸成果表达的辅助手段，是对规划设计方案的文字描述和技术说明。其内容包括标题、设计说明和技术经济指标三部分。

1. 标题

标题作为对规划地段性质的总体概述，是图纸成果表达的第一环。快题考试一般要求图纸不能做任何明显标记，因此没有主标题和副标题之分，直接把快题题目作为标题书写，如"某居住小区快速设计""某城市中心区快速设计"等，也可以增加标准化的"快速设计"或"规划快题"等活跃图面。

2. 设计说明

设计说明主要通过简要的文字阐释设计理念、整体构思和方案特点。一个恰当的设计说明可以帮助评阅人快速了解设计者的方案特点和设计重点。设计说明一般包括对设计题目背景的概况介绍、设计目标、原则和理念的总体说明，对功能布局、道路交通、绿化景观等的具体说明。在满足字数要求的情况下，说明内容应逻辑准确、条理清晰，语句应通顺流畅，文字力求简洁明确，切忌长篇大论，语句拗口，错别字满篇。

3. 技术经济指标

根据题目要求，设计者应给出与方案对应的主要技术经济指标，一般以条目方式出现。常用的技术经济指标包括以下内容。

指标名称	定义	单位	公式
总用地面积	题目给出的规划用地面积	ha	——
总建筑面积	规划地段内所有建筑的面积总和	m²	——
容积率	规划用地内的总建筑面积与规划用地面积的比值	——	容积率=总建筑面积／规划用地面积
建筑密度	规划用地内各类建筑的基底总面积与规划用地面积的比率	%	建筑密度=（各类建筑的基底总面积／规划用地面积）×100%
绿地率	规划用地内各类绿地面积的总和与规划用地面积的比率	%	绿地率=（各类绿地总面积／规划用地总面积）×100%
停车位	停车位的数目	个	——

03.02 表达准确：图面表现方法

徒手表现　工具选择　表现手法

明确图纸成果的基本内容后，就要进行内容的表达。良好的图面表现能起到事半功倍的效果，让评阅人快速、准确地理解设计构思和方案特点。要求设计者掌握基本的徒手表现技能，能够运用一些绘图工具，通过某些表现手段将方案准确表达出来。本节从徒手表现、工具选择和表现手法三方面介绍规划快速设计的图面表现方法。

- -

03.02.01 徒手表现

徒手表现指不借助尺规等工具，只用手和笔绘制设计图纸，是快速设计应具备的一项基本技能，良好的徒手表现不仅能够体现设计者的基本素质，更能够充分表达设计构思和空间方案。准确而富有表现力的徒手图能够给读图者留下深刻印象，为方案加分。

1. 徒手表现的作用

设计是一项要求手脑高度配合、互相启发的工作。在设计构思和方案表达过程中，徒手图发挥着重要的作用，它是在构思过程中捕捉瞬间灵感、在分析研究基础上进行总结概括、在方案形成中进行空间推敲、在图纸绘制中呈现个性魅力的重要手段，也是形成个人风格和设计语言的必经之路。设计者练习快速表现除了能够锻炼和提高空间造型能力以外，还能够增强设计思维的活跃度及对艺术效果的敏感度。

2. 徒手表现的要求

快速设计对徒手表现有更高的要求，准确而有效的表现是传达构思、呈现方案的基本途径。首先，徒手表现应明确所要表现内容的重点和特点，选择恰当的工具和表现方式；其次要能够准确、清晰地表达设计意图，实现传达与阅读的高度一致。最后，图面效果应协调美观，并具有一定的个性色彩，要求设计者具备一定的美学基础。图面表现是以传达设计构思和方案特征为目标，且不可为表现而表现，过度的表现会适得其反，失去了表现的根本价值。

3. 徒手表现的内容

徒手表现主要是通过绘图工具，利用线条和色彩进行图面的表现。在快速设计中，线条是表现采用的主要方式和核心内容，用来表达总平面图中的建筑物形态、场地具体布局平面、绿化景观形式等内容。明确、清晰、挺拔的线条对于设计成果内容准确性的传达是非常重要的。色彩是表现丰富性的主要手段，色彩的运用应符合题目特征、人们的审美习惯，并富有一定的视觉冲击力。和谐、统一的色彩搭配可以在众多的作品中脱颖而出，吸引评阅人的注意力。设计者应掌握快速设计常用色彩特点和色彩搭配，并且要熟练运用一种或几种色彩表现工具。

4.表现能力的提高

图纸表现要求设计者具备一定的美学知识和美术基本功，并通过积极的学习和大量的训练，提高自己的徒手表现能力。

第一，日常积累与练习。日常的积累与学习，不仅是提高徒手表现能力的基本手段，更是提高规划设计能力的根本途径。要求设计者要做个有心人，在生活学习中多留心积累优秀案例和有用的素材，并通过经常性和针对性的练习掌握基本技能。

第二，交流观察与模仿。这是在徒手练习的初始阶段最有效的方法，通过和"高手"的交流和观察绘图过程，领会徒手表现的要领和技巧，避免走入误区；模仿优秀案例，分析绘制特点，取其精华，将适合快速表现的内容与方式为我所用。

第三，尝试探索与创造。学习的目的不仅仅是为了通过一次考试，设计者要在掌握基本技巧的基础上积极探索与创造新的表达形式，逐渐形成自己的风格，从而提高专业修养，为更好的表现设计意图创造条件。

03.02.02 工具选择

设计者应根据快速表现的特点，结合平时的练习和尝试，总结适合自己的工具。工欲善其事，必先利其器，熟练掌握工具的特征和使用技巧，是取得快速设计成功的因素之一。本节主要介绍绘图笔和绘图纸的选择。

1. 绘图笔

绘图笔是快速设计最基本的工具，绘图笔的选择与熟练应用在设计准备阶段就应完成。在正常的规划设计中，可以从表达的效果出发选择最适合的笔。快速设计的绘图笔选择应以便利、快速和有效为标准，避免选择费时、费力的绘图工具。一般情况下，快速设计最常用的工具为铅笔、墨线笔和马克笔（见图3.5）。

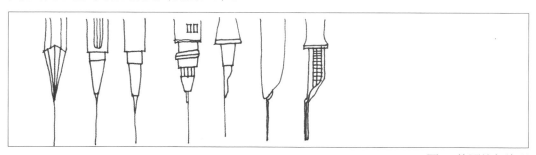

图3.5 绘图笔与线型

■ 铅笔

铅笔是规划快速设计的必备工具之一，具有使用方便、灵活，易修改等特点（见图3.6）。

A 工具种类

铅笔以H和B区分不同的铅芯硬度，常用型号有HB、B、2B等。在设计方案的草图阶段，可以使用硬度适中的铅笔型号，例如HB、B等。在以铅笔为主要表达方式的设计中，可以用2B型号的铅笔表达效果图中的明暗关系，而4B以上的型号的铅笔可以用来表现设计方案中需要加深的部分。

B 快速设计应用

● 绘制方案构思草图，建议使用B或2B铅笔，可以利用铅笔的粗细、浓淡迅速修改方案。

● 正式图打底时，建议采用HB铅笔，避免污染图面，保持图面的整洁。铅笔底图尽量准确、简洁，避免橡皮擦拭使纸张变毛，影响上色效果。

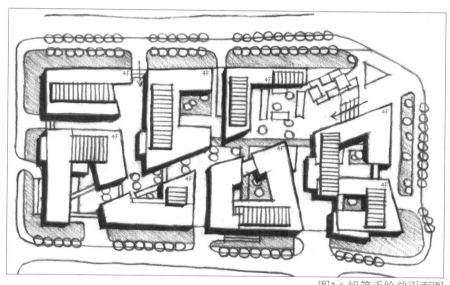

图3.6 铅笔手绘总平面图

■ 墨线笔

墨线笔是规划快速设计的基本工具之一，具有线条明确、黑白分明的特点（见图3.7）。

A 工具种类

墨线笔包括：针管笔、美工笔、普通钢笔等。普通钢笔和美工笔需要灌吸墨水，使用较为不便。针管笔包括可灌墨的和一次性的，按照不同笔头型号分类，方便设计者根据线条需要灵活选择，规划快速设计主要采用一次性针管笔。

B 快速设计应用

●墨线笔线条不易更改，因此要求设计者下笔前要做到成竹在胸，对整体构图、主次关系有所计划，统筹安排。

●墨线笔线条绘图不宜繁复、含糊，线条应简练、清晰，下笔果断，线条要有起点和终点，不能虎头蛇尾，线条毛躁。

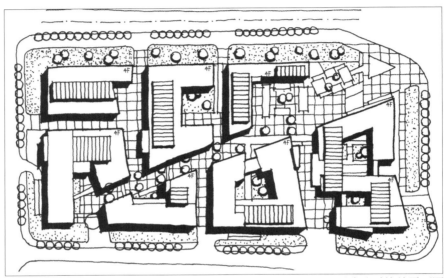

图3.7 墨线笔手绘总平面图

■ 马克笔

马克笔是规划快速设计的主要工具之一，通常用来表达设计构思，以及为设计方案的总平面图、分析图、效果图上色，能够迅速地实现表达效果（见图3.8）。

A 工具种类

马克笔主要包括油性和水性两种，油性马克笔色彩柔和、笔触自然、相溶性好，适用纸张广泛。水性马克笔色彩鲜亮且线条笔触界限明晰，色彩覆盖性强。

B 快速设计应用

●马克笔的线条以直线为主，在设计中，要注意把握马克笔的排线规律（如线条的宽度、排线走向等），同时也能增加图面的整体性与秩序性，这对于体现图面的整体效果十分有用。马克笔笔触感很强，对笔触的要求也较高，因此，在平时练习时要注意把握这一特点。

●马克笔的笔头形状是呈有一定角度的方楔形（或粗细不等的圆形），使用时不同的笔法可以获得多种笔触，取得良好的表现效果。大面积的色块渲染大多通过一系列平行的线条来表现。此外，上色时应当遵照由浅至深的顺序进行，最后再结合钢笔线条的勾勒，就可以很好的塑造形体、表现环境，充分反映设计构思。

●油性马克笔与大部分纸张相溶，在使用时要控制在图纸上的停留时间，适用于大范围的平涂、自由笔触的绘制和渲染效果，如总平面图和鸟瞰图。水性马克笔色彩鲜亮，在搭配时要反复试验，选择饱和度适中的笔。由于其颜色覆盖性强，应避免笔触叠合和不同色彩混合使用。避免在钢笔线稿绘制后上色，容易将钢笔线稿涂抹，破坏图面效果。水性马克笔适用于线条的勾绘，在分析图中使用方便。

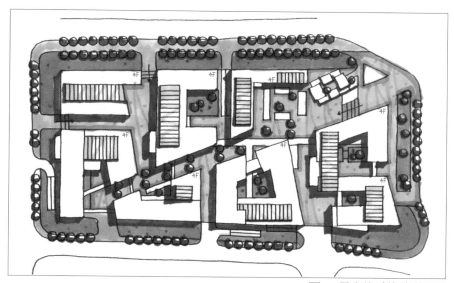

图3.8 马克笔手绘总平面图

■ 彩色铅笔

彩色铅笔也是规划快速设计中常用的表现工具之一，画出来的线条类似于普通铅笔。其颜色多种多样，画出来的效果自然淡雅，清新简单，大多便于橡皮擦拭（见图3.9）。

A 工具种类

包括水溶性和非水溶性两类。水溶性彩色铅笔结合小毛笔可以表达出水彩效果，费时费事，快速设计考试中一般不采用。非水溶性具有一定的透明度和色彩度，在一般纸张上使用时都能均匀着色，色彩丰富而不过于鲜艳，色彩之间便于混合过渡，容易把握。根据手感的轻重有深浅的变化，使用灵活。

B 快速设计应用

●彩色铅笔的排线要有一定规律性，切不可凌乱。绘制时一定要从整体出发，忌过度描绘细节而忽略整体。大面积上色费时费力，可以与其他着色工具搭配使用，取长补短。

●彩色铅笔使用方便，色彩效果通过多层累加而形成，设计者可以边思考边绘制，逐步深化和完善表现，便于控制。应注意线条和笔触技巧，下笔不宜过重，以免在图面上形成过于生硬的笔划。

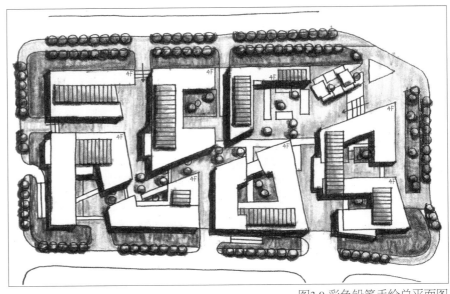

图3.9 彩色铅笔手绘总平面图

■ 其他工具

还有其他一些表现工具，表现力强，颜色鲜艳，效果强烈，比如：炭笔、色粉笔、油画棒、蜡笔等，表现得当可以取得标新立异的效果。但是由于这些工具的笔触较粗，不适合用于精细刻画，因此要慎重选择（见图3.10）。

图3.10 其他绘图笔

2. 绘图纸

绘图纸的选择直接影响表现的效果。快速设计考试中经常使用的纸张有拷贝纸、硫酸纸、绘图纸、道林纸、牛皮纸等等。我们可以把这些纸分为透明纸和不透明纸两类（见图3.11、图3.12）。

■ 透明纸

A 拷贝纸

● 纸的特点：纸质细腻、半透明、方便携带、快速高效，包括普通色和色纸。

● 适合的笔：由于拷贝纸纸质较软且半透明，使用过硬的铅笔容易将纸面划破，影响绘图效果，所以一般使用较软质的铅笔、彩铅和墨线笔绘图；马克笔在拷贝纸上色后颜色暗淡，笔号需要经过试验和选择，以实现预期效果。

● 适用的阶段：主要应用于草图构思阶段，纸质透明，便于快速拷贝修改方案。也可用于正式图绘制，由于纸质柔软，易撕裂，需要下面衬纸。

B 硫酸纸

●纸的特点：比拷贝纸平整厚实，相对比较正式，半透明、表面光滑。

●适合的笔：硫酸纸比拷贝纸厚实平整，不易被笔划破，对于笔的硬度没有过多要求。由于纸质透明，马克笔在硫酸纸上色后颜色暗淡，笔号需要经过试验和选择，以实现预期效果。

●适用的阶段：在草图阶段和正式图阶段都可以使用硫酸纸。提交正式图纸时，需要在下面衬纸，保证评阅效果。

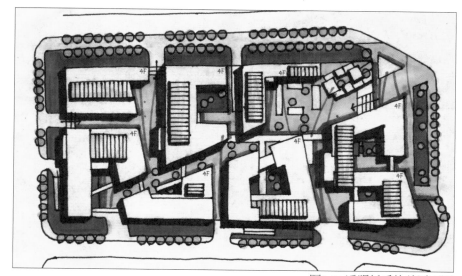

图3.11 透明纸手绘总平面图

■ 不透明纸

A 白纸

●纸的特点：色泽白，纹理细致，易于突出钢笔线条，以及马克笔和彩铅的亮丽色彩。

●适合的笔：适用于各种绘图笔表现。

●适用的阶段：用于正式图的绘制。能够充分表达出设计者线条和色彩的效果。

B 色纸

●纸的特点：带有较浅的各种颜色的纸张，有些色纸自身还有纹理，适合彩色铅笔表现肌理质感，使用钢笔、马克笔画出的线条感也很好。因色纸具有底色，所以在绘图时，不仅能够作为图面背景使图面更加充实，保持整体性，更能够体现不同性格的表现风格。例如，在牛皮纸上用钢笔单色绘图，就能够体现强烈的手绘效果。同时在使用的颜色过于鲜艳跳跃时，带有底色的绘图纸可以起到压色作用，使图面效果更具整体性。

●适合的笔：适用于各种绘图笔的表现。

●适用的阶段：正式图的绘制。

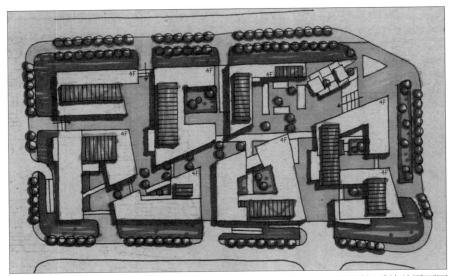

图3.12 不透明纸手绘总平面图

3. 其他绘图工具

除了以上主要工具外，还需要橡皮、三角板、丁字尺、裁纸刀等辅助工具，在设计时不可缺少，快题考试前更应做好充分准备（见图3.13）。

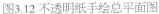

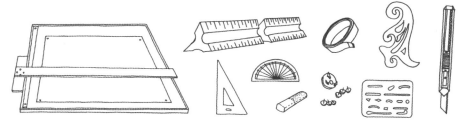

图3.13 其他绘图工具

03.02.03 表现手法

"三图""三字"特点各有不同，表现原则与方法差异较大。本节介绍总平面图、鸟瞰图、规划分析图及文字的表现原则与方法，并且通过典型示例，使设计者清楚准确地掌握这些方法。

1. 总平面图

■ 表达原则

A 内容完整，表达准确

总平面涉及建筑、道路、外部环境等规划地段内的所有空间要素以及相关标注，成果图纸应完整表现，不能遗漏；图纸的表现方式应符合一般的制图规范，清晰直观，准确明了。

B 重点突出，详略得当

总平面图应重点强调规划地段的公共空间部分，突出方案的整体规划结构特点及核心空间的环境设计，简略绘制相关配套部分。在进行外部环境表现时，注意区分重点区域和一般区域，从而形成层次丰富、重点突出的图面效果。

C 线条变化，层次丰富

选择不同的线型宽度区分设计对象。建筑轮廓线最粗，其次是环境轮廓线，最后是细节刻画线。线条的变化使总平面图更具有表现力，富有活力。另外，建筑及绿化需要画阴影，建筑屋顶适当增加细节，呈现总平面图的空间层次。

D 色彩统一，总体协调

颜色的选择搭配应协调统一，保证图面的整体效果。充分利用色彩的表现力和颜色搭配反映方案的特点，核心地段颜色丰富，刻画深入，一般地段色彩单一，简略表达。

■ **表达示例**（见第68~69页）

2. 规划分析图

■ **分析图解**

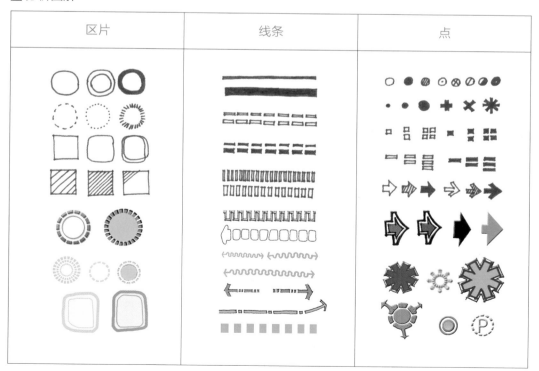

区片	线条	点

■ 表达原则

A 内容完整，信息准确

　　分析图一般包括用地、结构、道路和景观等，应准确概括和提取不同分析图内的核心信息，从而有效反映设计构思和整体结构特点。

B 简洁明了，清晰易懂

　　一般采用最简洁的图形语言，如直线、圆圈、箭头等体现分析图特征，反映规划方案整体布局的结构要素和相互关系。其基本原则就是内容简洁，信息直观。

C 线条对比，色彩组合

　　通过粗细、虚实等线形变化反映不同表达对象的基本属性和空间关系。线形与色彩相结合，表现更为快捷、有效。分析图宜采用较为明快的色彩。

D 标注整齐，图例规范

　　标注和图例都是图纸中帮助理解设计方案的重要标识，是比较严谨的部分。标注应避免潦草，图例宜简洁、清晰。

■ 表达示例（见第70~71页）

3. 鸟瞰图

■ 表达原则

A 针对方案，选取角度

　　针对方案自身的特点，选择能够呈现方案特色的透视角度，一般将需要表达的主要内容放在黄金分割线的延长线上。鸟瞰视角要合适，不能太高或太低，以突出核心重点区域。

B 透视准确，把握尺度

　　透视关系要准确，变形不应过大，以避免失真。尺度把握要适宜，不能过大或过小，要符合方案的整体效果。多采用轴测图的方式绘制，可以规避透视变形问题。

C 明暗对比，远近关系

　　通过明暗关系对比，反映方案的空间效果，突出近处建筑与环境的细节，而远处的建筑和环境就可以尽量简化，形成明确的空间关系。

D 重点刻画，图面活跃

　　鸟瞰图的表达也要突出重点，尤其是体现方案特色和理念的核心区域，它们往往是方案的点睛之笔，要进行重点刻画，以增加方案的张力和吸引力。

■ 表达示例（见第72~73页）

4. 文字

■ 表达原则

A 言简意赅，直切主题

规划快速设计的设计说明，是让评阅人在短时间内快速了解设计者设计理念和方案特色的有效途径，因此应该在满足字数要求和主题表达的前提下，尽量做得简练，避免套话、空话，切忌长篇大论。

B 字迹工整，注释准确

快速设计的文字要工整清楚、大小适中、分级明确、位置恰当。标注文字要表达正确，简单易懂，并与设计图纸有所对应。

C 条目罗列，清晰明确

不管是设计说明还是技术经济指标的文字，尽量采用条目的形式来表达，这样使文字结构更加清晰，表达内容逐层深入，评阅人可以更直观地了解设计者的设计构思和方案特色。

D 行文流畅，逻辑合理

设计图纸的文字要语法正确、行文流畅、逻辑清晰。这就要求设计者在平时多注意文字撰写能力的培养，不断提高自己的语言组织能力和逻辑思维能力。

5.其他

■ 用地规划图

有的快速设计会要求设计者首先完成更大范围的用地规划，再进行详细规划。用地规划图应注意表达的规范性，按照城市规划制图规范绘制不同性质的用地颜色。

■ 沿街立面图

沿街立面图主要考查设计者对街区建筑形态的规划与控制，通常情况下只需要将体型关系与建筑层数表达清楚即可。应注意对街道天际轮廓线的设计，在线型上进行区分。

■ 节点环境放大图

通常选择具有代表性的公共开放空间进行深入设计，铺地、绿化、水体、树木等的表达应达到一定深度。

■ 总平面图表达过程示例

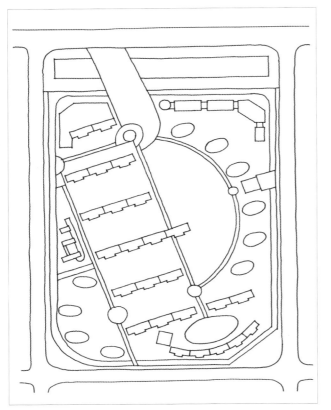

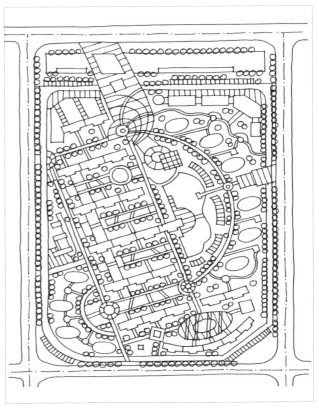

A 内容定位，墨线打底

　　首先对基地范围、道路布局、建筑位置和场地形态进行总体定位。

B 全面深化，突出特点

　　进一步刻画建筑、场地、道路、绿化景观的细节，注意对核心公共空间的详细设计。

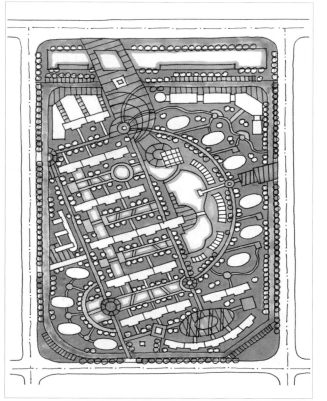

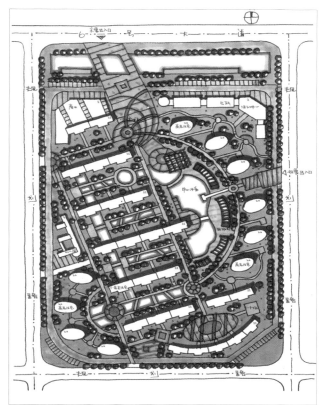

C 整体铺色，确定基调

　　用彩铅、马克笔等上色工具对绿地、铺地、水体、道路进行大面积平涂渲染，注意色调的整体统一协调。

D 细节刻画，完成标注

　　通过色彩和笔触，进一步刻画绿地、铺地、树木细节，绘制建筑与树木阴影，重点突出公共空间的景观环境。完成对地段内主要功能组团、公共空间、建筑层数、主要出入口、周边道路名称、指北针等的标注。

■ **规划分析图表达示例**

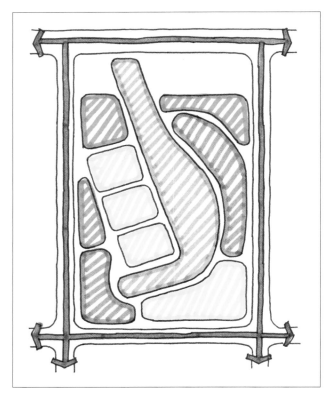

多层居住用地　高层居住用地　配套设施用地　中心绿地

主要节点　次要节点　主要轴线　次要轴线

核心景观区　居住组团区

A 用地组织规划图

　　通过不同的色块区分地段内作为结构要素的主要功能单元，在绘制中将相同功能的各片区整合成组，注意颜色符合规划用地性质的色彩规范和色调搭配。

B 空间结构规划图

　　通过点、线、面等图式语言表达地段整体的结构关系，通常概括为入口空间、核心空间、节点空间、主轴线、次要轴线和功能片区等结构要素，绘制时注意各层次关系的表达。

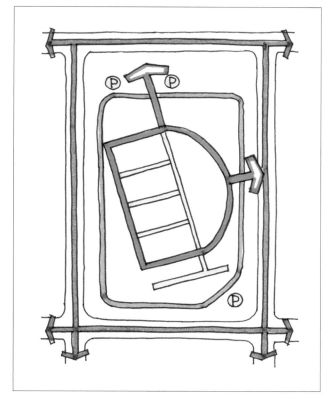

 城市道路　 车行环路　 主要步道　 次要步道　 停车场

 主要节点　 次要节点　 主要轴线　 次要轴线

核心景观区　　景观渗透

C 道路交通分析图

通过线条形态和颜色表达道路交通的整体构架，并用符号标识主要出入口和停车场位置。

D 绿化景观分析图

需要表达主要的景观点、景观廊道和景观视线等内容，绘制方式较为灵活，突出表现重点地段和整体构架。

■ 鸟瞰图表达过程示例

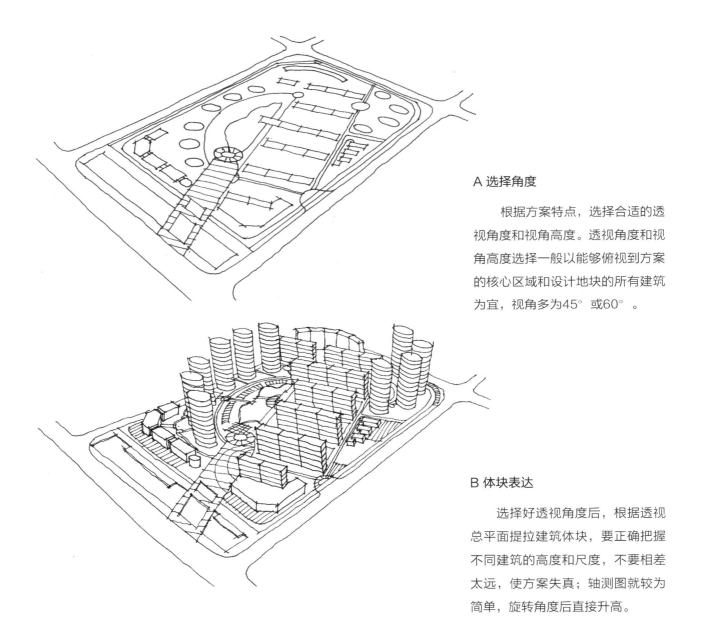

A 选择角度

根据方案特点，选择合适的透视角度和视角高度。透视角度和视角高度选择一般以能够俯视到方案的核心区域和设计地块的所有建筑为宜，视角多为45°或60°。

B 体块表达

选择好透视角度后，根据透视总平面提拉建筑体块，要正确把握不同建筑的高度和尺度，不要相差太远，使方案失真；轴测图就较为简单，旋转角度后直接升高。

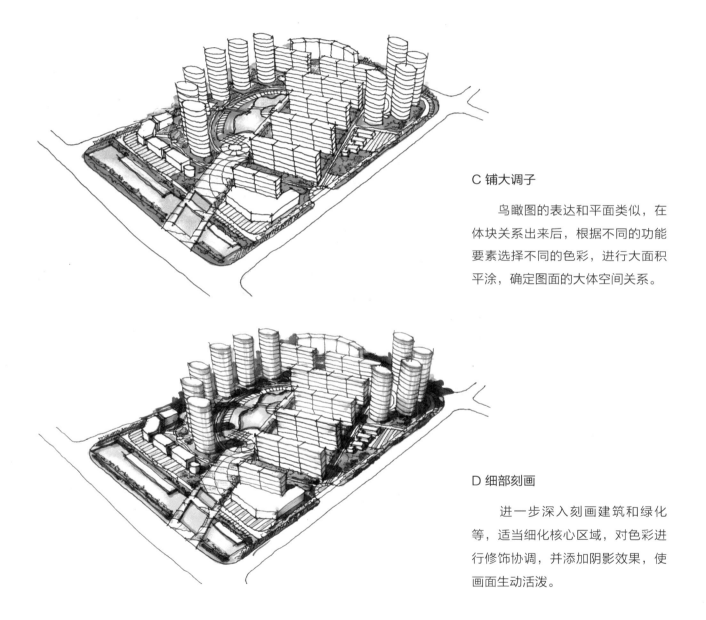

C 铺大调子

鸟瞰图的表达和平面类似，在体块关系出来后，根据不同的功能要素选择不同的色彩，进行大面积平涂，确定图面的大体空间关系。

D 细部刻画

进一步深入刻画建筑和绿化等，适当细化核心区域，对色彩进行修饰协调，并添加阴影效果，使画面生动活泼。

04

方案构思——分析与综合

快速设计要求设计者在短时间内分析研究各种条件，快速作出综合判断，形成空间方案并进行图纸表达。方案构思就是对规划任务和场地特性的创造性解读和空间生成过程。本章主要介绍规划方案构思的基本方法，从规划任务分析、基地条件分析到规划概念的生成；介绍最常见的快速设计类型（住区、城市中心区和大学校园）的规划原则、设计要点和典型结构模式。

04.01 规划分析：任务、基地、概念
解题　破题

　　城市规划快速设计通常是命题作文，要求分析给定的条件（任务、基地）——解题，提出合适的解答（概念、方案）——破题。本节从解题和破题出发介绍规划设计的技术路线和关键点。

04.01.01 解题：任务分析

　　在城市规划快速设计中，任务书的解读是非常关键的，只有认真地分析研究任务要求，领会题意、抓住题眼、明确目标，才能有效地完成快题设计。设计任务书的内容一般包括：基地及其周边环境概述，上位规划对地段的限制与要求，项目的初步构想与开发强度，设计成果要求等，在解题过程中都要进行具体分析。

1. 解读任务要求——确定对象

分类	定性、定位分析	定量分析	空间模式
住区	住区是以居住生活为主，具有一定的人口和用地规模，并集中布置居住建筑、配套服务设施、绿地、道路等，为城市街道或自然界限所包围的相对独立地区	以多层住宅为主的住区容积率一般会在1~1.5之间，以高层住宅为主的住区容积率在2~5之间。建筑密度在30%左右	以多层、高层、小高层住宅楼为主体，按照行列式排布，形成不同层级的居住组团。采用人车分行的交通组织方式，配置商业、文化和教育等公共设施，绿化景观系统完善
城市重点地段	一般位于城市或片区的核心，是城市公共活动的主要发生地。主要包括两种，第一种是以商业、文化、商务、会展等公共设施为主要内容的片区。第二种是围绕广场、公园等公共开放空间，周围配套相关公共设施的城市中心区	城市重点地段开发强度较高。容积率一般在2~5之间。建筑密度在30%~50%之间	城市重点地段的用地构成复杂，空间尺度较大。以中、高层建筑为主，通常以步行主轴串联起地段的入口、节点和核心公共空间。是具有典型公共空间特征的城市片区
大学校园	以高等教育和科学研究为主的城市片区，用地边界明确。主要包括教学科研、行政管理、体育运动及生活配套等功能组团	大学校园的容积率在0.3~0.8之间，建筑密度20%~30%左右	大学校园空间一般由行政办公区、公共教学区、院系教学区、学生生活区共同构成。建筑尺度适宜、空间布局灵活、绿化景观良好
其他	以上三类是规划快速设计考察的主要类型。除此而外，城市公园、产业园区、城市综合旅游服务区、度假区、旧城更新等题目也会涉及。限于篇幅，本书重点介绍住区、城市中心区和大学校园		

2. 解读基地条件——确定题眼

基地条件是设计的基本出发点,解读时要善于总结归纳,把握重点。基地条件主要包括两个方面:自然环境条件和建设用地条件。

■ 自然环境条件

规划地段的自然环境条件一般包括气候、地貌、水文、植被等。设计者应该明确这些条件中隐含的积极因素和不利因素,在方案构思时利用积极因素、屏蔽不利因素。

A 气候

任务书有时会明确规划地段所在城市的具体气候特征,有时用南方、北方来概述地理气候分区。我国南北方气候差异很大,如南方温热、潮湿、多雨,北方寒冷、干燥、少雨,设计者应清楚不同地区的气候特征和空间组织特点,考前重点了解报考学校或者单位所处的地理区域。

> 考点:一般会作为考题的隐含测试点。考虑南北方气候差异对建筑群体空间布局的影响,南方建筑应考虑空气的自然流通,避免太过封闭;北方建筑应注意防寒,避免采用外廊建筑等。

B 日照

由于我国不同纬度地区接受太阳辐射的强度和辐射率存在差异,不同地区建筑物的日照标准、间距、朝向有所不同。其中日照间距直接影响建筑密度,容积率等用地指标。如果地段现状图中附有风玫瑰图,设计者需注意主导风向对建筑布局、防治污染、居住舒适度等的影响。

> 考点:日照条件一般是给定的条件。设计者只需要计算确定日照间距(住宅的高度×日照系数)即可。日照间距指的是两栋房子在南北方向的垂直距离,计算时一定要精确。间距过大不经济,过小则不能满足要求。

C 地貌

一般可以分为平地、坡地、局部山地、局部水面和河道5种。如果出现坡地,首先通过分析坡向和朝向的关系来确定建筑是以平行等高线还是垂直等高线来布置,其次是道路与等高线的关系,注意坡度应当不大于8%。如果局部有山地、水面或者水道等,那么就应当着重围绕这些要素来组织空间,使之成为方案的亮点,而不能只是作为闲置的非建设用地来消极对待。

> 考点:地形条件的考点主要分两类:第一是整个基地都是坡地,那么规划设计应按照山地建筑的规划特点进行设计;另一类是在基地内有一个小山包,一般情况下充分考虑其景观视线关系。基地内外的河流湖泊肯定是设计中需特别注意的背景条件,地段公共空间的塑造和建筑体型关系等大都与之相关。

■ 现状图

　　除任务书中对地段气候条件的描述外，以下现状图中标定的4处基地内外地貌特征是设计中需重点考虑的自然条件，方案设计中应考虑与地形、地貌、水体等形成良好的空间关系（见图4.1、图4.2）。

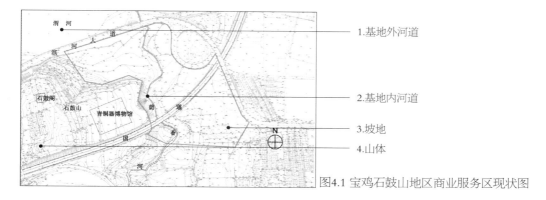

1.基地外河道

2.基地内河道

3.坡地

4.山体

图4.1 宝鸡石鼓山地区商业服务区现状图

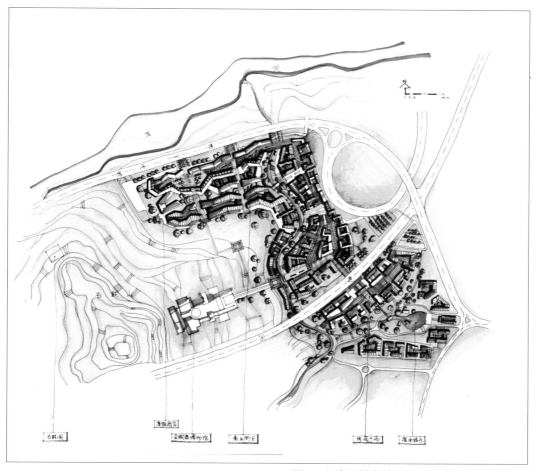

图4.2 宝鸡石鼓山地区商业服务区规划设计图

■ 建设用地条件

建设用地条件是进行方案构思的基本依据。建设用地条件一般可以分为区位条件、基地周边环境、基地建设现状三个层次。设计者应明确每个条件需要解决的问题。

A 区位条件

区位指规划地段在城市中的位置，这是定性定位的基本依据之一。规划快速设计涉及的区位条件一般包括以下三种：第一，城市中心区，周边均为商业、办公用地，高楼林立，建筑密度高，道路宽阔；第二，城市边缘区，地段距中心城区较远，周边用地开发强度较低；第三，城市历史文化街区相邻地段。不论是哪一种区位条件的用地，都应本着整体性原则，从城市的角度来研究区位与规划地段的关系，明确规划地段的功能属性和空间属性。

考点：第一种区位应当考虑基础设施的共享、人流方向，相邻界面的处理方式等；第二种区位应考虑基地和中心城区主要交通联系方向和与用地功能的互补性；第三种区位应考虑的是基地和周边地块风貌的协调和功能的延续。三种区位条件的用地均要重点考虑与周边用地条件的衔接，以及与周边道路交通的联系。

B 周边环境

周边环境条件包括周边用地属性和周边道路性质两类，这是基地内部用地组织的重要依据之一。周边用地属性是确定规划地段功能分区、空间结构的重要条件，规划应考虑地段和周边用地之间的有机联系。周边城市道路等级决定了用地出入口的位置，同时影响内部交通的组织方式。

考点：规划地段不是独立存在的个体，与周边地段发生功能和空间的广泛联系。通过分析周边环境条件确定功能单元的划分和主要出入口位置。一般情况下，机动车的出入口要开在次干道一侧，而步行入口可以选择在城市主干道一侧。

C 基地建设现状

规划地段内部建设现状是方案构思的出发点之一。包括基地形状、现状建筑等。针对规划用地形态特征，可以分为规则用地（通常为方形、长方形）、不规则用地（如梯形、L形、三角形等）两种。面对规则用地，设计者可以按常规的规划构思结合任务要求排列空间；面对不规则用地，在组织空间和排布建筑的时候，就要因地制宜，灵活掌握，尽可能地反映出用地特征，不要简单套用一般的规划模式。

考点：基地建筑建设现状是设计者需要把握的重点之一。如果基地内部有需要保留的历史建筑或重要构筑物，就应该围绕历史建筑营造核心空间或者通过景观视线廊道突出其重要性。

■ 现状图

　　以下现状图上标出的6处现状建设特征是设计中需重点对待的建设用地条件（见图4.3、图4.4）。

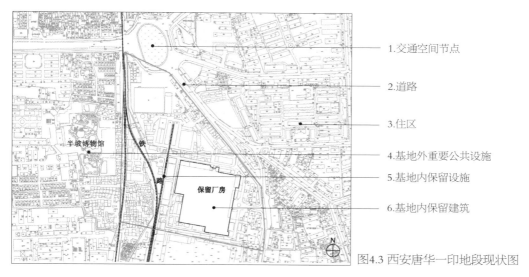

1. 交通空间节点

2. 道路

3. 住区

4. 基地外重要公共设施

5. 基地内保留设施

6. 基地内保留建筑

图4.3 西安唐华一印地段现状图

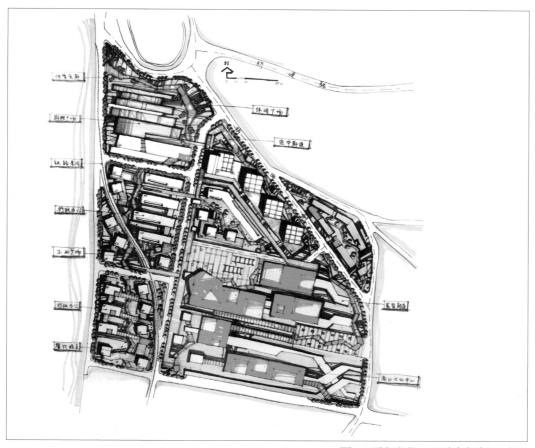

图4.4 西安唐华一印地段规划设计图

04.01.02 破题：规划构思

基地条件解读为规划概念的提出和空间方案的形成奠定了基础。切合题意的设计概念和整体有序的空间布局是规划构思的主要内容，也是快速设计考查的核心。

1. 确定概念——设计主题

设计概念是综合当前学科发展动向和社会现实问题，围绕规划地段的用地属性与场地特征提出的空间主题，是方案构思的第一步。快速设计不同于常规的规划设计，不可能进行多方案比较和深入推敲。因此，设计概念应围绕任务要求提出，避免太过个性化（见图4.5）。

图4.5 从构思概念到明确主题

A 满足要求，符合题意

设计概念的形成首先来自任务的基本要求。应该根据题目设定的功能属性展开构思，将笼统的用地性质转化为明确的功能定位。

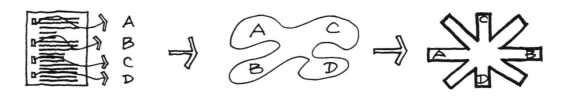

B 尊重环境，凸显特质

任何地段都拥有独特的自然基底和建设条件，场地的性格隐藏其中，设计者要善于把握。设计概念来自于对场地属性的深入理解，经过概括、提取，转化为整体的空间布局并将其内在的品质呈现出来。

C 清晰明确，合理可行

明确而合理的设计概念是空间方案开展的基本条件，设计者应把握地段的基地特征和功能属性，综合地段的城市发展背景和现实状况，形成现实可行、可操作性强的设计概念。避免提出不切合实际或目标指向模糊的主题。

D 主题突出，思想鲜明

明确的主题思想是设计概念的灵魂。尽管规划本身强调多方面的综合和平衡，但空间环境的布局与设计不是全方位协调的结果。主题突出、思想鲜明是规划设计的基本要求之一，设计应围绕主题思想开展。

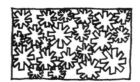

2. 确定结构——空间格局

规划结构是规划设计构思的核心内容，是对设计者综合素质的全面考察。设计者在确定设计主题后，综合分析地段的自然、人文和建设条件，性质、功能和基本构成，确定地段的整体结构，应注意规划结构的完整、有序、协调与层次（见图4.6）。

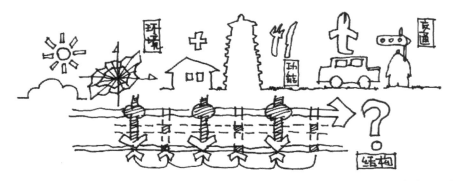

图4.6 从要素分析到空间格局

A 脉络清晰，结构完整

规划结构是对地段功能与空间要素的提取与整合，包括要素归纳和要素组织两个方面。反映了地段的整体空间构架，是对城市区位、周边环境、用地条件、功能属性等的综合应对和统筹安排。在设计中应分析具体条件和特定环境，避免简单的套用一般结构模式。

B 布局合理，组织有序

设计者应根据用地属性和人群活动特征进行空间划分与组织，考虑相近组团的有效联系、互斥组团的适当分离、形成合理的用地布局。综合人行、车行特点进行地段的交通组织规划，实现对外联系的便捷、快速，内部各功能组团联系的安全、通畅。

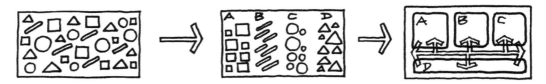

C 尺度适宜，造型协调

设计者应强化空间造型能力，了解建筑语言的基本组织规律、形式法则和表达手段。尺度适宜、造型协调是空间形态规划设计的基本原则，一个优秀的规划设计方案，应兼具功能的合理性、技术的创新性、尺度的适宜性及形式的愉悦性。

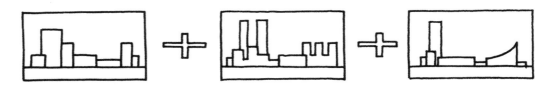

D 层次明确，重点突出

规划快速设计要求在短时间内完成整个地段的空间布局和环境设计。不可能事无巨细，面面俱到，应突出重点，明确层次。利用建筑造型的变化和环境设计的细化强调重点地段和核心区域，为自己在紧张的设计考察中赢得宝贵的时间。

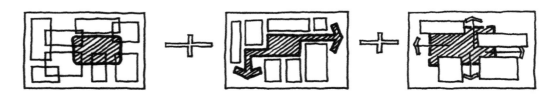

04.02 方案综合：原则、要点、模式

　　规划设计就是遵循基本规划原则，将地段空间要素按照一定的方法进行规划构思和空间布局的过程。将规划构思转化成空间方案需要了解各种类型设计对象的基本特征，掌握各空间要素的关键点及相互关系。本节针对住区、城市中心区及大学校园3种快速设计类型，分别介绍各自的规划原则、设计要点和典型结构模式。

04.02.01 住区

　　住区规划设计要遵循"以人为本"的原则。围绕居住生活开展空间规划，建立住区各功能单元的正常秩序，充分体现居住环境使用方便、居住舒适、空间安全、促进交往和环境优美等特点，以满足人们不断提高的物质与精神生活需求，构建适合"此地"的居住环境和物质空间，呈现宜人的设计理念和空间主题。

1. 规划原则

A 联系便捷：道路出入口位置选择

　　从居民通勤交通的主要流向出发，结合方案的规划布局设置出入口。考虑住区居民出行对周边城市道路带来的不利影响，严格控制出入口的数量和位置，避免出入口设在城市主要交通干道上。出入口与城市道路交叉口的距离应满足规范的要求。

B 通而不畅：道路基本线形设计

　　道路是住区空间形态的骨架、功能布局的基础、对外出行的通道，与居民日常生活息息相关。住区道路线形设计应满足通而不畅、安全便捷的原则，既要通达性好，使车辆在住区中的行驶通畅，方便联系各个组团，又不能一通到底，影响居民出行安全。

C 人车分行：活动的有效组织

　　住区道路布局应该以整体的交通组织为基础，包括人车分行和人车混行两种类型。为避免大量私家车穿越住区带来的交通安全、噪声、空气污染等问题，常采用人车分行方式。通过建立完整的步行系统，保证住区内部居住生活环境的安静与安全，使居民日常活动能舒适有效地开展。

D 中心聚合：凸显整体结构

　　住区核心空间是居民公共生活的中心场所，一般由中心绿地和配套公共设施组成。作为住区的"起居室"，它具有很强的凝聚力，代表社区精神，展现社区风貌。明确的住区核心空间，能够有效地统领整个规划结构，凸显居住环境的整体构架。

E 层次清晰：满足居住生活

　　住区规划设计是围绕居住生活展开的，应符合居住生活的基本秩序，形成不同层级的生活空间。遵循"私密—半私密—半公共—公共"逐级衔接的生活发生规律和布局组合原则进行居住空间的结构规划，保证各层次生活空间具有相对独立的活动领域又有充分的空间联系。

F 设施完善：满足服务要求

　　住区的配套服务设施主要指幼儿园、中小学、会所和商业配套。服务设施是满足住区居民日常生活需要的重要组成，直接影响着住区品质和居民生活质量。在进行布局规划时，综合考虑服务设施的性质、数量、规模和位置，形成完善的服务配套体系。

G 景观宜人：外部环境营造

　　良好的景观设计能使居民享受舒适的生活环境，情操得到陶冶和升华，对住区产生归属感。设计方案不仅要满足居民基本的居住需求，还应该营造优美、舒适、宜人、具有可识别性的环境，通过规划设计达到景观完整、环境和谐，从而实现生态连续、多元共生的总体目标。

2. 设计要点

A 用地组织

　　住区用地包括住宅用地、公共配套设施用地、公共绿地等。各功能片区之间既要有机联系，保持结构整体性，又要有所区分，通过绿化和道路形成各层级相对独立的活动领域。住宅用地应考虑居住生活的私密性和安静，避免与城市主要干道和大型公共设施用地毗邻。用地划分需考虑居住组团的规模和层级。公共配套设施用地包括小学、幼儿园、会所和配套商业服务设施。应根据各自的使用特点，灵活布置，详见"F 配套设施"。公共绿地结合整体规划结构设置，突出核心空间，详见"D 绿化景观"。

B 空间结构

　　住区的空间结构主要体现在围绕住区中心形成的小区、组团、院落等居住层级的整体构架上。在方案构思阶段，要注意以下问题。建构清晰的空间层级结构。通过小区级核心空间、各个组团中心及住宅院落等来共同建构层级清晰、结构明确的规划布局。住区空间结构包括两种类型：小区、组团和院落组成的三级结构，小区和院落组成的两级结构。在具体设计时，根据用地条件和规模选择合适的结构。突出各层级核心空间。每个居住层级都有对应的核心空间，是统领整个住区结构的关键。在进行快速设计时，要明确每个层级的核心空间及各级中心之间的关联。

C 道路交通

　　住区道路分为人行和车行两种。车行道路以机动车交通为主，兼有非机动车交通；人行道路兼有步行交通和步行休闲功能。住区的道路交通规划要注意以下方面。

居住区的主要车行、人行道路出入口在空间上应该完全分开，不能重合。设置步行道路和车行道路两个独立的路网系统。步行道路必须是连续的、不间断地贯穿于居住区的内部，服务于整个社区，将绿地、活动场地、公共服务设施等串连起来，并深入到各住宅主要出入口。车行道路应分级明确，一般以枝状尽端路或环状尽端路伸入到各住宅或建筑群体的背面入口。在车行道路沿线周围配置适当数量的停车位，在路的尽端处设置回车场地。

D 绿化景观

绿化景观规划应当充分考虑基地内部与周边环境的呼应关系，充分利用基地内原有的绿化、水体。从景观结构的连续性和完整性出发，兼顾集中的核心绿地与分散的组团绿地。将景观的营造与步行系统结合，利用主要步行轴线设置绿化，实现绿化景观的连续统一。住区绿化景观可以分为核心绿地、组团绿地、院落绿地三个层级。

核心绿地一般以绿地广场为主，当核心绿地与会所结合的时候，除了要考虑建筑布局与景观的有机融合，还要保证出入口、人流的相对独立。组团绿地位于组团中心，是居民日常交往最接近的休息和活动场地。其规模较小，活动场地间或绿化，可以考虑设置运动器械等小型运动设施。院落绿地主要满足居民休息活动等需求，一般作为休憩活动场地，以绿化为主。在快速设计时，一般平铺绿化，以三五棵树和步道点缀其中，不必深入刻画。

E 建筑布局

住区建筑包括住宅建筑和配套服务设施，应了解各类型住宅及配套公共建筑的布局特点和基本尺度。具体内容详见第2章。

F 配套设施

分类	设计要求
会所	两种设置方式： 内向型，设置在住区中心与绿地结合； 外向型，设置在住区外侧，兼顾部分商业职能
商业服务设施	可独立设置，或利用住宅一层及高层裙房设置，多沿城市道路，呈线状布置； 设置在住区主要出入口处
幼儿园	幼儿园应设置在环境安静、接送方便的地段，一般设置在住区中心的外围； 总平面布置要保证幼儿活动室和室外活动场地的良好朝向
小学	小学服务半径为500 m左右； 一般布置在住区边缘，沿次要道路较僻静的地段； 注意与住宅保持一定距离，避免干扰居民

G 技术经济指标

技术经济指标是规划快速设计不可或缺的内容。易出现漏项和计算错误，在考试时一定要认真细心，切不可毛躁，犯低级错误。常用技术经济指标包括以下内容。

常用技术经济指标	基地总面积(ha) 建筑密度(%)	总建筑面积(m²) 容积率	住宅平均层数(层) 居住总户数(户)	绿地率(%) 停车位(个)

3. 典型示例（见图4.7~图4.14）

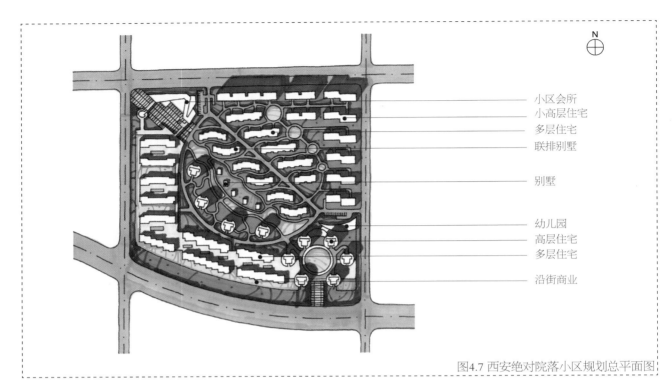

小区会所
小高层住宅
多层住宅
联排别墅

别墅

幼儿园
高层住宅
多层住宅

沿街商业

图4.7 西安绝对院落小区规划总平面图

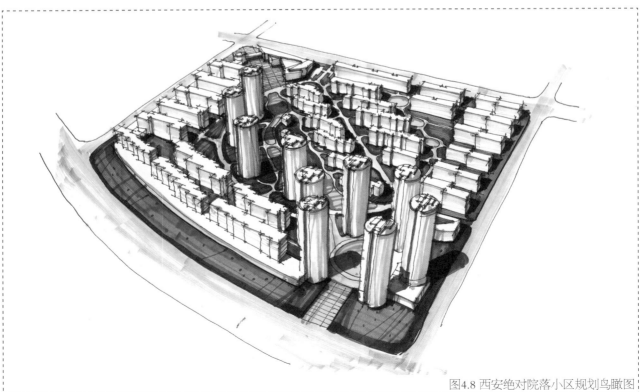

图4.8 西安绝对院落小区规划鸟瞰图

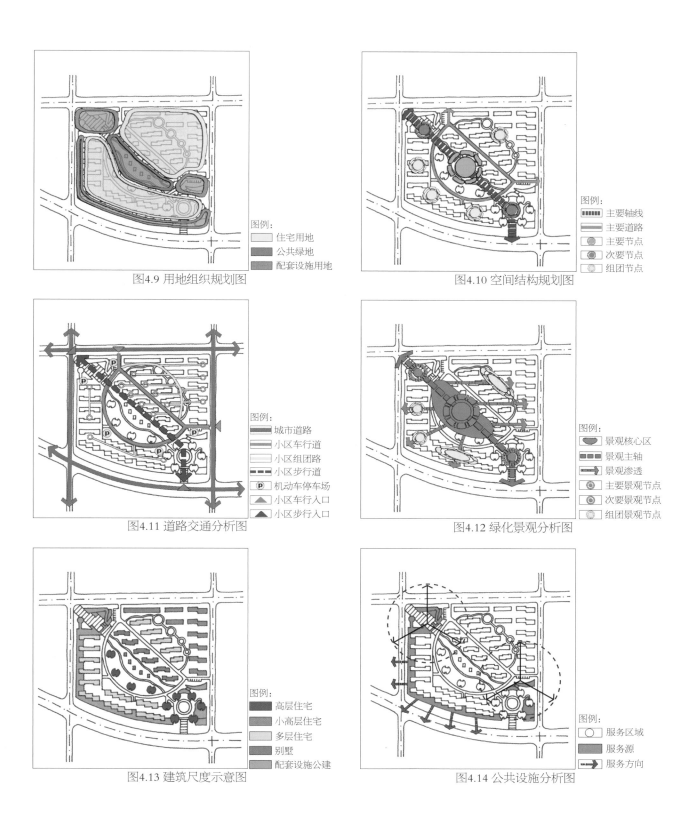

图4.9 用地组织规划图

图例：
住宅用地
公共绿地
配套设施用地

图4.10 空间结构规划图

图例：
主要轴线
主要道路
主要节点
次要节点
组团节点

图4.11 道路交通分析图

图例：
城市道路
小区车行道
小区组团路
小区步行道
机动车停车场
小区车行入口
小区步行入口

图4.12 绿化景观分析图

图例：
景观核心区
景观主轴
景观渗透
主要景观节点
次要景观节点
组团景观节点

图4.13 建筑尺度示意图

图例：
高层住宅
小高层住宅
多层住宅
别墅
配套设施公建

图4.14 公共设施分析图

图例：
服务区域
服务源
服务方向

4. 结构模式

A 组团式

组团式是住区典型的三级结构模式，由小区、组团和院落组成。由格局类似的院落构成组团，再由组团构成小区，组团之间不强调主次等级，沿主要道路并列布置。各组团和各院落住宅建筑在尺度、形体、朝向等方面具有较多相同元素，并以日照间距为主要依据形成紧密联系的住宅群体。组团式结构完整，层次清晰，形态完整，是规划快速设计中应用较为广泛的规划结构模式（见图4.15~图4.17）。

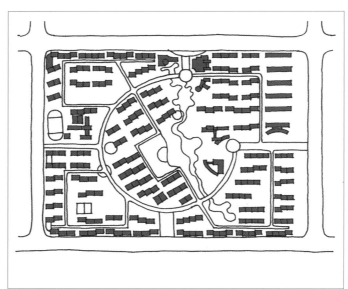

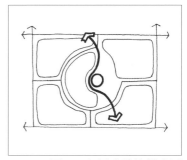

图4.16 组团式结构模式图

图例：
~~ 主要轴线
◯ 核心节点
⬭ 功能组团

图4.15 组团式建筑布局示意图

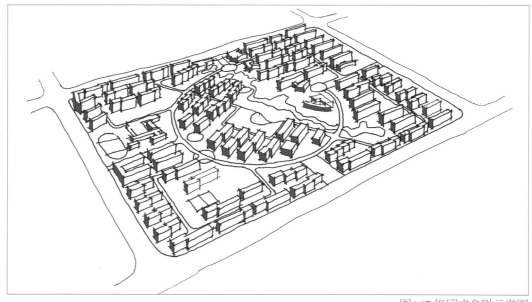

图4.17 组团式鸟瞰示意图

B 院落式

院落式是住区典型的两级结构模式，由小区和院落组成。各院落住宅建筑的尺度、形态、朝向基本一致，通过若干院落的组织，形成完整的小区。院落式整体性好，层次清晰，中心突出，功能分区明确，是居住区规划快速设计中常用的结构模式之一（见图4.18~图4.20）。

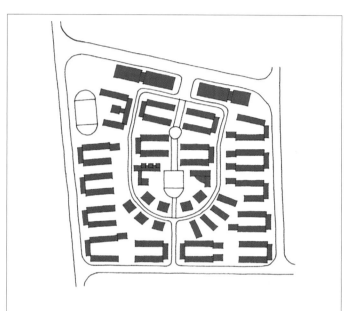

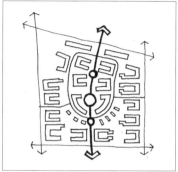

图4.19 院落式结构模式图

图例：
- 主要轴线
- 核心节点
- 建筑轮廓

图4.18 院落式建筑布局示意图

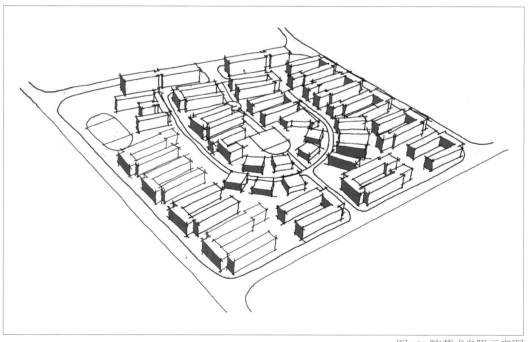

图4.20 院落式鸟瞰示意图

C 轴线式

轴线式不拘泥于一般的住宅组团或院落层级，按照一定的空间轴线灵活布置组团或者院落，或对称或串联，形成富有节奏的空间序列。轴线包括实轴和虚轴，起着支配全局的作用。实轴常由线性的景观步行道、绿带、水体等构成。虚轴可以是由建筑、场地或者开放绿地等形成的空间序列。轴线式都具有强烈的聚合性和导向性（见图4.21~图4.23）。

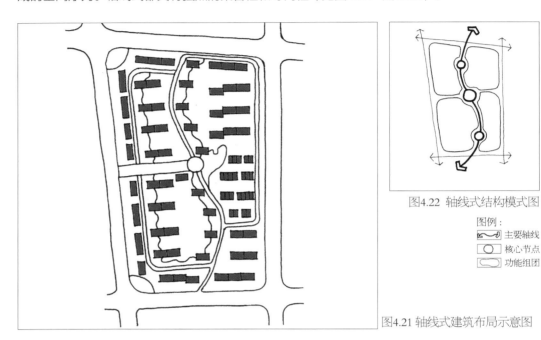

图4.22 轴线式结构模式图

图例：
- 主要轴线
- 核心节点
- 功能组团

图4.21 轴线式建筑布局示意图

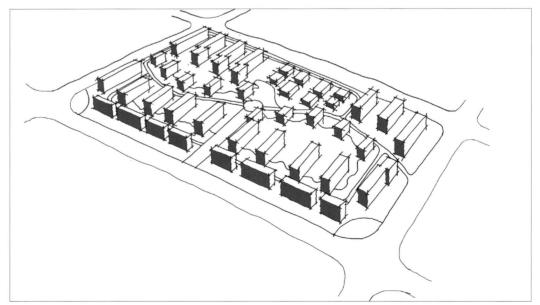

图4.23 轴线式鸟瞰示意图

D 点板式

点板式主要指高层住宅组成的住区，由点式和板式高层住宅组合而成。这种模式土地效益显著，总平面布局打破了一般板式住宅组合的呆板形式，形成富有变化的组合空间层次。点式住宅的布局是这种模式的关键，通常设置在中心绿地或核心轴线附近，形成良好的景观层次（见图4.24~图4.26）。

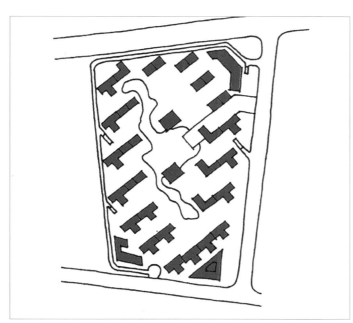

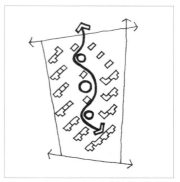

图4.25 点板式结构模式图

图例：
〰 主要轴线
⬭ 核心节点
▭ 建筑轮廓

图4.24 点板式建筑布局示意图

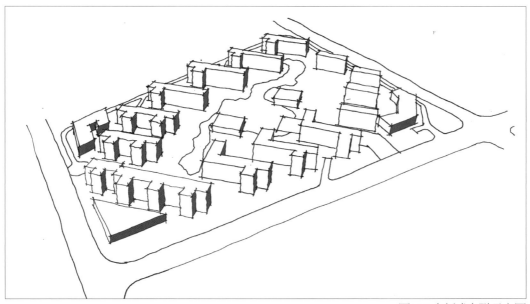

图4.26 点板式鸟瞰示意图

04.02.02 城市中心区

城市中心区是城市或片区空间结构的核心，是城市功能的重要组成部分。行政办公、商业购物、文化娱乐、游览休闲、会展博物等公共建筑集中于此，满足城市居民的公共活动需求。城市中心区也是城市或片区最具标识性的地区，由标志性建筑和公共开放空间共同形成特色环境，它们不仅满足人们的物质需求和精神需求，还体现了城市的景观风貌与特色。

1. 规划原则

A 联系便捷：主要道路的出入口位置

道路出入口位置的确定应遵循联系便捷的原则。中心区内的车行道路主要承担交通疏散和消防疏散的作用，出入口设置应满足规范要求，距道路交叉口不少于70 m；出入口一般不开在城市的主干道上，防止城市中心区车流和城市道路车流的交叉干扰。

B 通行高效：交通系统的合理组织

城市中心区功能组成复杂，交通出行繁忙，需要良好的对外交通联系，满足安全性、方便性和快捷性等需求。在保证城市和规划地段交通顺畅的基础上，综合考虑不同功能区的交通联系问题，解决好人车分流、人流疏散等问题。

C 人车分行：步行的舒适与安全

城市中心区是公共活动最为频繁的区域，步行活动的安全与便利是设计中要考虑的重要内容。应明确划分步行区域和联系通道，并协调它与车行道的关系，合理设置停车场位置。步行空间应结合绿化和景观设计，强调步行的舒适和愉悦。

D 中心聚合：明确的核心空间

核心空间是任何一个城市中心区的关键所在。这个空间一般围绕广场或大型公共建筑形成，在空间上统领全局，周围建筑以此为出发点放射或围合布置，形成明确的空间组织。在设计时，要遵循中心聚合的原则，突出地段的核心空间。

E 层次清晰：空间秩序的营造

城市中心区一般由多个功能组团构成，根据不同的背景条件、任务要求和功能类型，形成不同的功能层级关系。空间规划在顺应功能关系的基础上，通过建筑群体空间组织形成城市中心区清晰的空间秩序和完整的空间形象。

F 景观烘托：塑造宜人的空间环境

城市中心区作为城市或片区主要的公共活动区域，对景观环境提出了更高的要求。尺度宜人的开放空间、丰富协调的绿化配置及多样统一的群体组合，这些条件共同形成了优质的城市中心区景观。

2. 设计要点

A 用地组织

根据规划地段的功能要求和空间特征，合理组织行政、商业、文化、商务和会展等功能组团之间的关系，安排这些功能区的位置。

行政办公用地一般和市政广场结合，主要用地对称布局，占地规模较大。商业休闲用地布局较为灵活，根据用地规模选择适合复合商业街区的片状用地或适合商业街的带状用地。文化娱乐用地布局宜毗邻城市主要干道，形成良好的城市形象。商务办公用地在规划快速设计中大多以配角方式出现，注意与主要道路的关系，方便出行。在用地整体组织基础上，适当考虑功能复合，如利用高层商务办公楼裙房设置商业等。

B 空间结构

面对城市中心区功能混杂、人流量大、公共设施集中，开放空间散布等特点，应该重点研究地段的整体空间结构，形成有序的空间组织。地段空间结构是一个完整的空间体系，在快速设计考试中，应重点打造主轴线和主空间。主轴线是整个规划结构的骨架，串联主空间；主空间包括入口空间、序列空间和核心空间三个部分，应结合功能性质和场地特征灵活构建，形成主次分明、层次清晰、核心突出的空间结构。

C 道路交通

根据地段规模和用地形态，设置不同功能和级别道路。避免人车相互干扰，强化人车分行的设计理念。城市中心区的步行道路，不仅具有疏散人流的作用，更是典型的公共开放空间，利用地面步行道或二层步行通廊等方式，满足人们休憩、漫步和观景需要，创造高品质的空间场所。步行出入口一般会设置在城市主干道一侧，作为城市中心区的入口和形象门户。城市中心区车流量较大，需要有足够的停车场满足车辆停靠。停车场的布置要遵循就近、均匀等原则。

D 绿化景观

绿化景观对于烘托设计主题、强化空间特色来说非常重要。一方面充分利用场地已有的景观元素，如水体、坡地、树木等，建立规划方案与基地的内在关联；另一方面积极发挥绿化、水体等的景观作用，通过软硬场地的划分、铺地材质的选择、景观小品的设置、绿化植被的配置等详细设计来体现公共空间的环境特征。

E 建筑尺度

功能复合性决定了城市中心区建筑的多元构成，主要包括办公、商业、文化和观演建筑等。在规划设计时，应根据规划的区位、周边地段条件和地段规划结构，综合考虑地段的天际轮廓线和建筑组群的高度变化。高层建筑的布局主要考虑以下两种：第一种是核心建筑，作为地段标志出现，一般位于路口或地段中心，形态适度变化，突出建筑顶部；第二种是配套商务楼群，通常成组沿线性布置，以烘托核心空间。

3. 典型示例（见图4.27~图4.34）

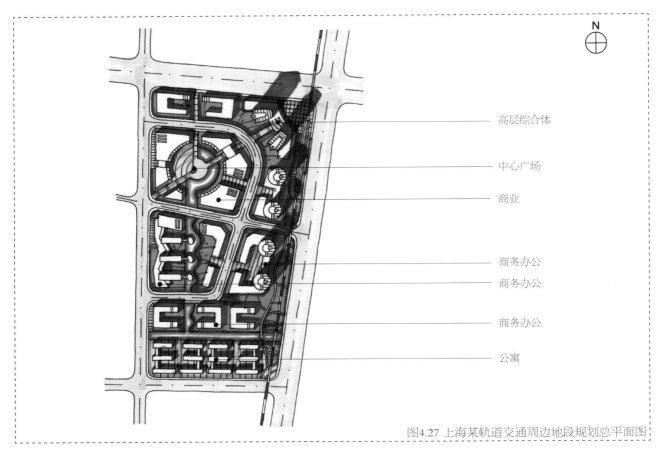

N

高层综合体

中心广场

商业

商务办公
商务办公

商务办公

公寓

图4.27 上海某轨道交通周边地段规划总平面图

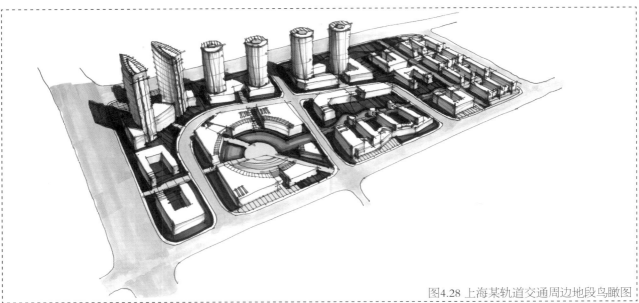

图4.28 上海某轨道交通周边地段鸟瞰图

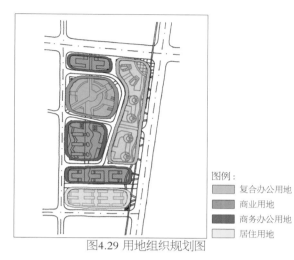

图例：
- 复合办公用地
- 商业用地
- 商务办公用地
- 居住用地

图4.29 用地组织规划图

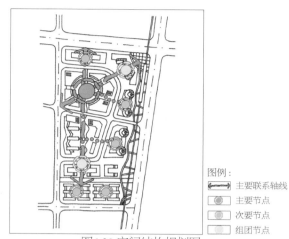

图例：
- 主要联系轴线
- 主要节点
- 次要节点
- 组团节点

图4.30 空间结构规划图

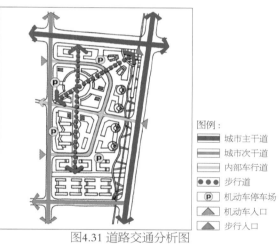

图例：
- 城市主干道
- 城市次干道
- 内部车行道
- 步行道
- 机动车停车场
- 机动车入口
- 步行入口

图4.31 道路交通分析图

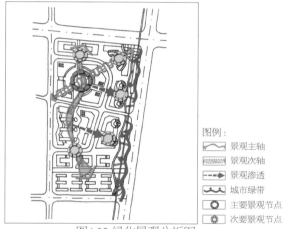

图例：
- 景观主轴
- 景观次轴
- 景观渗透
- 城市绿带
- 主要景观节点
- 次要景观节点

图4.32 绿化景观分析图

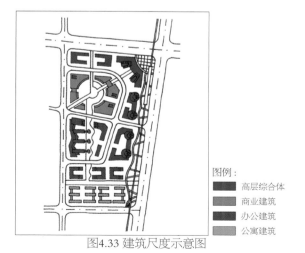

图例：
- 高层综合体
- 商业建筑
- 办公建筑
- 公寓建筑

图4.33 建筑尺度示意图

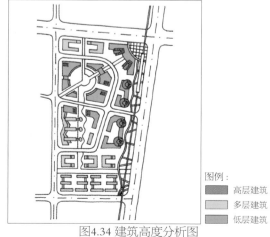

图例：
- 高层建筑
- 多层建筑
- 低层建筑

图4.34 建筑高度分析图

4. 结构模式

A 轴线式

城市中心区规划较为常见的一种结构模式，以一条轴线作为基准确定空间形态的主要结构秩序。轴线可以与道路、用地边界平行或垂直设置，也可以根据用地形态斜向布置。建立轴线的主要方法有两种：第一，通过研究用地的自然环境要素，包括用地附近、内部的水系、植被、地形等，顺应其固有的地形特征来寻找线索建立轴线；第二，从城市已有的建筑形态出发，例如根据街道、建筑群、广场等人为的各种城市环境要素来建立轴线（见图4.35~图4.37）。

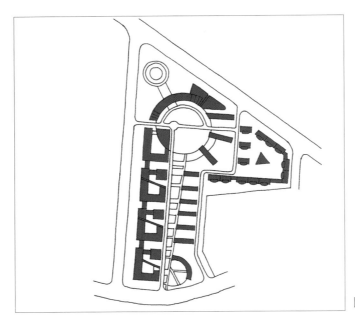

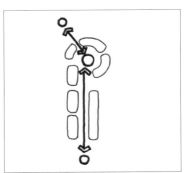

图4.36 轴线式结构模式图

图例：
主要轴线
核心节点
功能组团

图4.35 轴线式建筑布局示意图

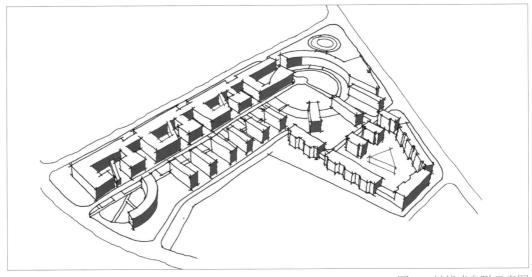

图4.37 轴线式鸟瞰示意图

B 对称式

轴线式的发展模式，是最为强烈的轴线式，即在轴线两侧形成基本对称的建筑形态，营造明确的空间导向和秩序。一般情况下市政中心类或者规划地段围绕尺度较大的线形中心绿地展开时，常采用这种模式（见图4.38~图4.40）。

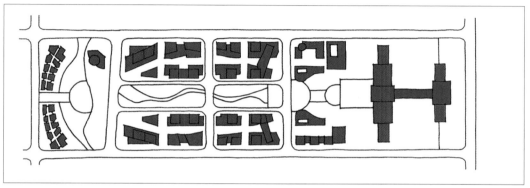

图4.38 对称式建筑布局示意图

图例：
⌇ 主要轴线
○ 核心节点
○ 功能组团

图4.39 对称式结构模式图

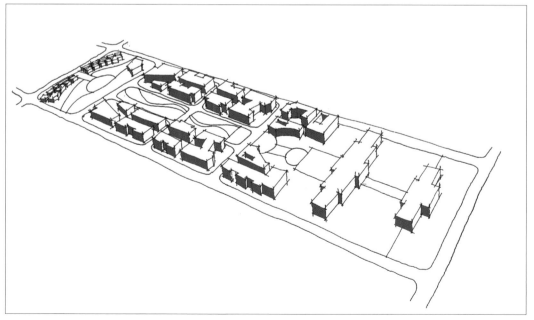

图4.40 对称式鸟瞰示意图

C 组团式

通过内部道路，将用地分割成小的街区，扩大对外的连接面。各组团相对独立布置，围绕核心区域的公共开放空间，通过一定的空间轴线相互关联。组团式布置需要考虑整体的空间形态和各组团之间的功能联系，比较适合用地规模较大的城市中心区（见图4.41~图4.43）。

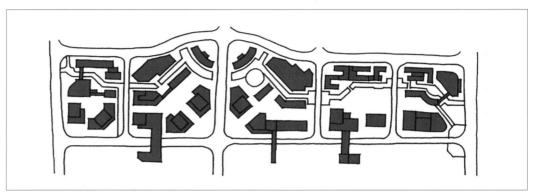

图4.41 组团式建筑布局示意图

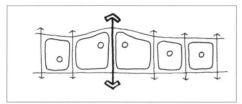

图例：
主要轴线
核心节点
功能组团

图4.42 组团式结构模式图

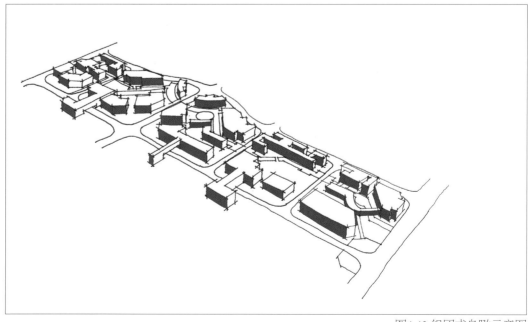

图4.43 组团式鸟瞰示意图

D 放射式

以一个建筑实体或场地为核心，将不同功能的建筑组群按照放射状布局形成。核心建筑或场地具有强烈的向心性，统领整个地段，其他建筑处于次要地位。在快题设计时要着重塑造核心建筑或空间，注意次要建筑的形态、尺度及方向（见图4.44~图4.46）。

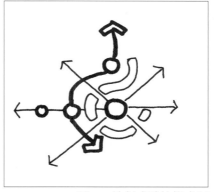

图4.45 放射式结构模式图

图例：
主要轴线
核心节点
功能组团

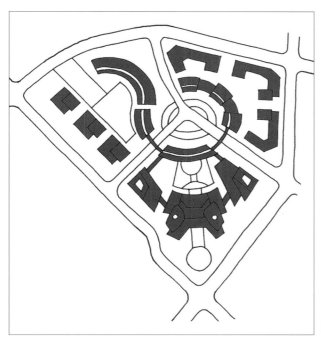

图4.44 放射式建筑布局示意图

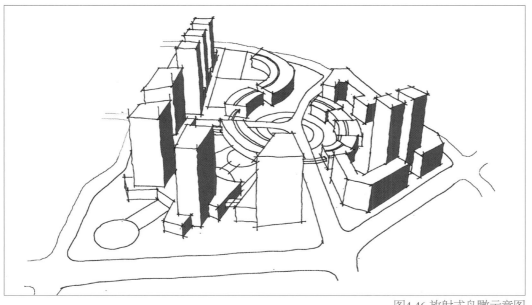

图4.46 放射式鸟瞰示意图

04.02.03 大学校园

> 大学校园是教学和科研活动开展的场所，也是一个文化交流和学习的平台。校园规划设计本着"生态、人文、个性和可持续发展"的设计理念，追求校园合理的建筑尺度、良好的环境氛围和人性的空间场所。在综合考虑功能布局、道路结构、建筑组合、绿地系统和空间环境等要素的基础上，运用恰当的设计手法，创建一个特色鲜明、积极向上、和谐美丽的环境，为广大师生提供良好的工作、学习和生活空间。

1. 规划原则

A 联系便捷：道路的出入口位置

校园出入口的位置应综合周边城市道路性质和校园主要流线方向设置，同时考虑校园内各功能片区与城市外部环境的便捷联系。步行及形象出入口宜设在城市主干道上，避免主要车行道路在主干道开口，选择与规划用地相邻的城市次干道或支路上设置次入口。

B 人车分行：步行的舒适与安全

步行道是校园最主要的道路，需要处理好它与机动车道的区分和衔接。为保障步行的舒适性与安全性，以及校园内车辆的通行需要，校园道路交通规划应以"步行优先"为原则，设置人车分流的交通体系，并以步行系统为主体联系各个功能区。

C 分区明确：功能片区的合理布局

功能分区是校园规划的基本要求。应根据校区周边用地特点、各功能区性质及基地特征进行合理布局。用地总体规划要注意教学与生活分区、动与静分区，避免相互之间的干扰。在保证各区的相对独立性的同时，考虑各区之间的有机联系。通过道路、环境等进行巧妙衔接，避免路线的迂回与断裂，提高跨区活动的效率。

D 中心聚合：核心共享空间突出

现代校园越来越强调学习、交往的互动性和信息、技术的共享性，承载这种需求的核心空间往往发挥着整合校园文化与校园空间的作用，是校园的空间高潮和精神中心。校园核心空间是由代表校园文化的公共设施如图书馆、大礼堂、教学楼等围合形成的广场空间，这些空间为学校公共活动的开展提供了场地支持，在规划中应给予充分重视。

E 层次清晰：开敞空间体系分级

开敞空间是体现校园外部空间质量的重要因素。校园设计中应注意校园中心开敞空间、功能区中心开敞空间和建筑周边开敞空间的层级关系，根据各自的设计要求采用不同的设计手法。更要注意各层级开敞空间之间的相互衔接和渗透，形成层次清晰、空间多样的开敞空间体系，增加校园环境的识别性、认知性与领域感。

F 景观冶人：校园特色环境的营造

学校是教书育人的场所，其景观设计要充分体现校园的文化气息，营造良好的学习氛围，在满足师生员工日常学习生活的基础上，通过良好的校园环境陶冶人的情操，对学生的行为产生积极的引导作用，又能给涉足校园的来访者提供文明优雅的观赏环境。此外，应深刻理解大学精神，传承大学文化和地域特色，营造反映学校人文精神和个性特色的校园环境。应注意建筑与外部开放空间的人性尺度与密度。

2. 设计要点

A 用地组织

大学校园主要由行政办公区、公共教学区、学院教学区、学生生活区、体育运动区五大功能区构成。各功能区应联系便捷、动静分离、互为依托。在大学校园类规划快速设计中，应该注意以下方面。

• 行政办公区兼有对外和对内的功能，宜靠近校园入口设置。行政大楼一方面可以作为校园入口处的一个标志性建筑，另一方面也有利于防止外来车辆和人员进入校园内部。但应避免将其设置在校园主轴线上。

• 公共教学区作为学校的基本功能区，通常位于校园中部，与其他各区保持方便的联系。规模较大的教学、实验、科研及教学区单元，可考虑各自成组；如果规模适中，可以设置在同一组建筑群中。注意各单元的空间尺度及对朝向、日照和间距的要求。

• 学院教学区距公共教学区不宜过远，以方便师生交流。各学院建筑应各自成组，相互呼应，形成学院教学区良好的空间氛围。

• 图文信息中心作为校园文化的精神核心和空间核心，其位置与形象都非常重要。一般在空间结构中，处于中轴线上。与中心广场结合，临近教学区，距宿舍区也不宜太远。

• 生活区宜设置独立对外出入口，方便学生进出。食堂应当位于宿舍区与教学区之间，方便学生下课后顺路使用。生活区还应考虑相关的生活配套设施，如大学生活动中心、购物中心等，在设置上可以考虑与宿舍的有机结合。

• 运动区内一般有体育馆、风雨操场和运动场，400 m标准运动场对于朝向有严格的要求，应该尽量保证正南北方向。运动区可接近城市道路，以形成独特的城市景观并便于该区对外开放。不宜与教学楼、宿舍等靠得太近或混合设置，以免相互干扰。如果校园规模较大，也可在宿舍区边缘设置少量篮球场供学生日常使用。

B 空间结构

大学校园强调空间的礼仪秩序，包括明确的入口空间、序列空间和核心空间等典型空间节点，教学轴线和生活轴线等空间轴线。在规划设计时，应根据用地形态合理安排主要的功能单元，并形成明确的空间秩序，营造良好的大学氛围。

C 交通组织

可以参考住区的交通规划模式，分主要车行道、次要车行道、支路、主要步行道、步行支路、停车场等。主要车行道推荐环路方式，有利于校园各个出入口、功能区之间的联系。为保障学校不受外界环境的干扰，校园对外出入口不宜过多，一般以3~4个为宜。注意控制尽端路长度，并在尽端处设置不小于12 m x 12 m的回车场。步行体系应当连续，主要用来联系教学区、宿舍区和运动区。每个建筑都应当有机动车直接连续的道路。校园的入口处、主建筑群、体育馆、宿舍区附近宜设置机动车停车场，主要建筑区域附近集中设置自行车停车场。

D 景观规划

对重要轴线和节点的景观进行重点刻画，提炼出不同的景观主题与校园整体文化氛围相呼应。根据空间性质进行景观规划，如学习空间应该静谧，以营造良好的学习环境；生活空间应该活泼，促进人与人的交往；休闲空间应该自由，以放松身心。另外，整体景观规划应层次清晰、灵活自然、相互渗透，使整个校园充满园林意境。

E 建筑尺度

校园内的主要建筑有行政楼、教学楼、实验楼、科研楼、学院楼、图书馆、大学生活动中心、宿舍、食堂、体育馆、风雨操场等。在校园规划快速设计中，应当注意不同类型建筑的尺度问题，避免出现体量失衡。校园不同类型建筑的具体尺度详见第2章。

3. 典型示例（见图4.47～图4.52）

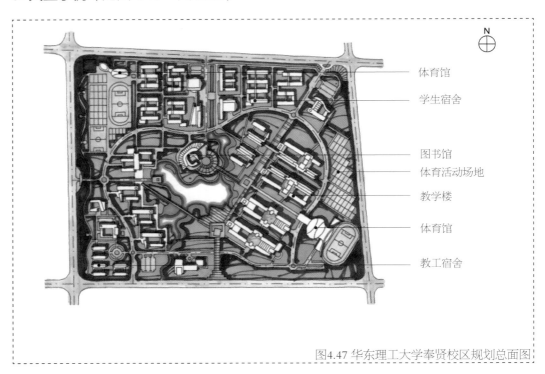

图4.47 华东理工大学奉贤校区规划总面图

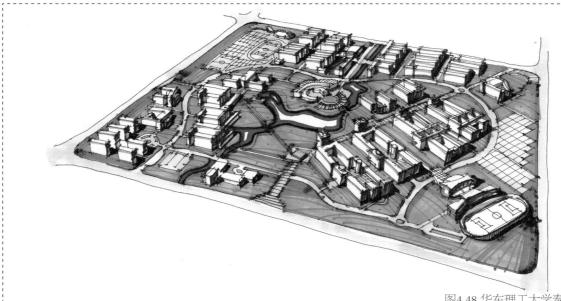

图4.48 华东理工大学奉贤校区鸟瞰图

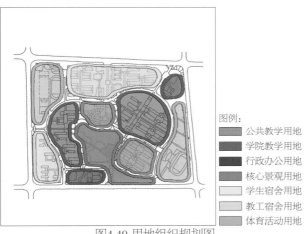

图例:
公共教学用地
学院教学用地
行政办公用地
核心景观用地
学生宿舍用地
教工宿舍用地
体育活动用地

图4.49 用地组织规划图

图例:
交通联系轴
景观联系轴
核心区
建筑景观节点
绿化景观节点

图4.50 空间结构规划图

图例:
城市道路
校区车行道
校区步行道
组团道路
机动车停车场
机动车入口
步行入口

图4.51 道路交通分析图

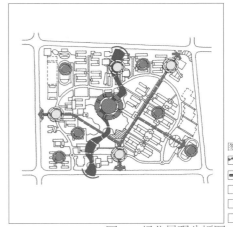

图例:
景观主轴
景观次轴
主要景观节点
次要景观节点
门户景观节点

图4.52 绿化景观分析图

4. 结构模式

A 轴线式

以主入口为起点，形成一条明确的主轴线，贯穿整个校园。主体建筑设置在轴线上，其余各功能建筑沿主轴线对称或非对称均衡布局，形成明确的空间主轴和结构中心（见图4.53~图4.55）。

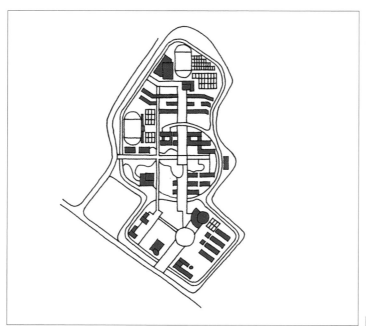

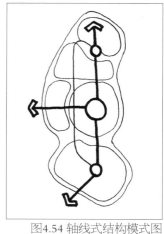

图4.54 轴线式结构模式图

图例：
- 主要轴线
- 核心节点
- 功能组团

图 4 .53 轴线式建筑布局示意图

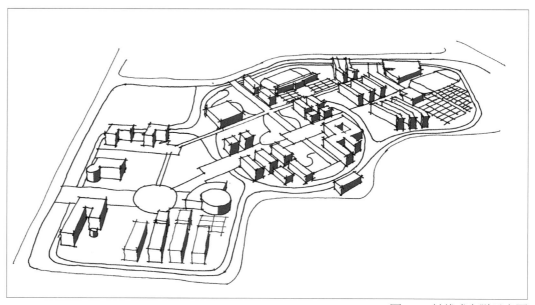

图 4 .55 轴线式鸟瞰示意图

B 序列式

各功能区建筑组合形成院落空间，用一条连贯的主序列将其串联起来。主序列虚实对比、收放有序、通过建筑与环境的对话，控制整个校园的节奏（见图4.56~图4.58）。

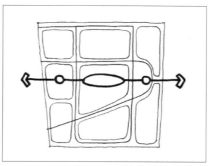

图4.57 序列式结构模式图

图例：
- 主要轴线
- 核心节点
- 功能组团

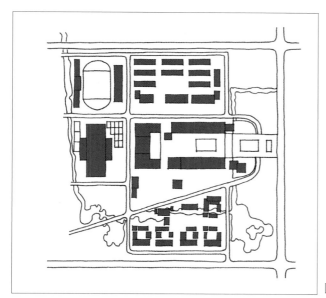

图4.56 序列式建筑布局示意图

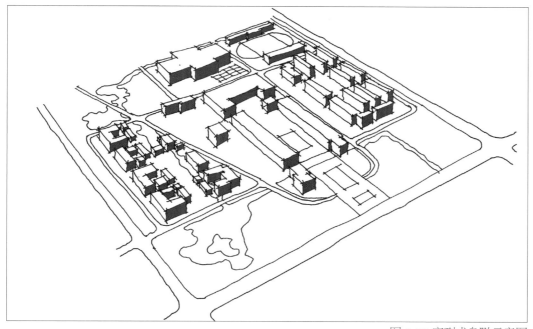

图 4 .58 序列式鸟瞰示意图

C 网格式

以网格为基本空间单元控制整个校园的规划设计，各功能建筑在网格单元内进行组合和拼接，便于建设的弹性发展，也利于形成设计元素一致的空间结构模式（见图4.59~图4.61）。

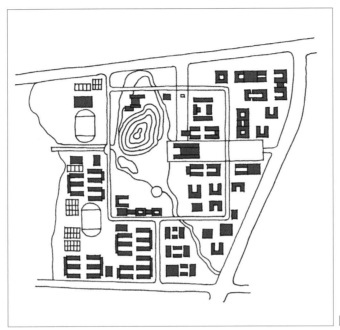

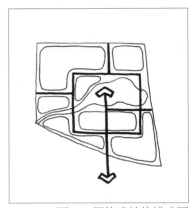

图4.60 网格式结构模式图

图例：

〰️ 主要轴线

⬭ 核心节点

▭ 功能组团

图4.59 网格式建筑布局示意图

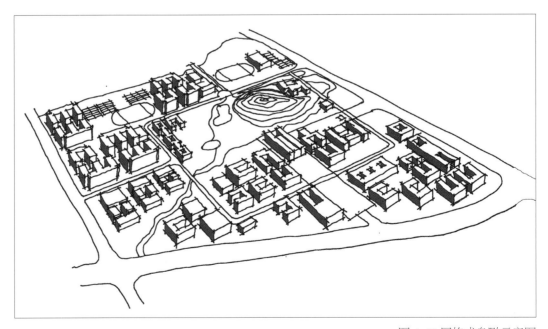

图 4 .61 网格式鸟瞰示意图

D 自由式

　　建筑结合地形特点和功能分区，在满足规范要求的前提下自由布置，并通过外部环境的设计将其统一成一个整体（见图4.62~图4.64）。

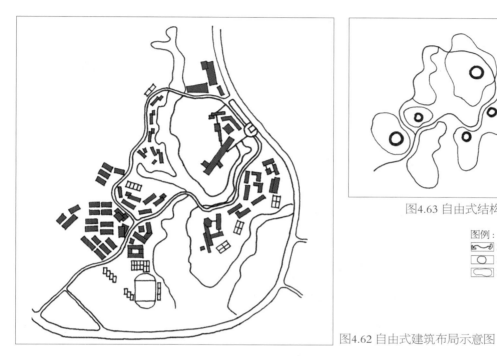

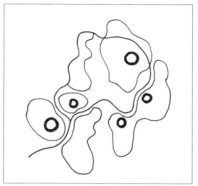

图4.63 自由式结构模式图

图例：
〰️ 主要轴线
◯ 核心节点
▢ 功能组团

图4.62 自由式建筑布局示意图

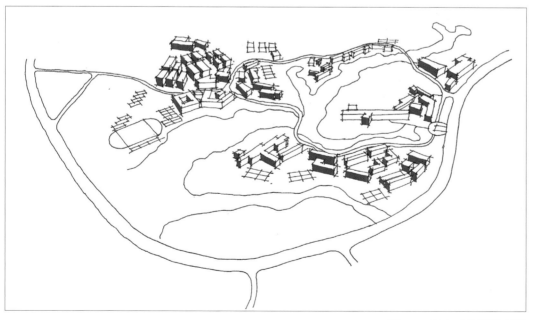

图 4 .64 自由式鸟瞰示意图

应试技巧——计划与统筹

快题考试

是对快速设计的实战检验。在3～8小时内顺利完成一个完整地段的规划设计和图纸表达，既要求对专业知识的熟练掌握和专业技能的灵活运用，也需要心理素质、统筹能力、应变能力等应试技能的有效保障。针对考试所制订的详细计划与统筹安排是考生在考试中发挥最佳水平、获得理想成绩的重要途径。本章是前4章的精炼，考前的必读锦囊，包括考前准备和考场战略两部分。

05.01 考试计划：考前准备

知识准备 构图准备 工具准备

规划快题考试考查的不仅是设计水平，更是对考生综合素质与能力的全面检验。充分的准备能够使考生更加自信，提高临场发挥水平，充分展示个人能力。基础知识的梳理，绘图工具的准备及图纸表达要点的把握都是考前准备需要注意的内容。

05.01.01 知识准备

知识准备是考前准备最重要的工作，本章节通过对常用建筑、专用场地、建筑组合、结构模式及常用指标的准备，将规划快题涉及的核心内容进行最后的梳理，帮助考生做到有备无患，从容应对。

1. 准备常用建筑

针对规划快题中最主要的建筑类型：住宅、商业、办公、教育、文化等。分别准备各类型典型建筑的屋顶平面，熟悉基本尺度。

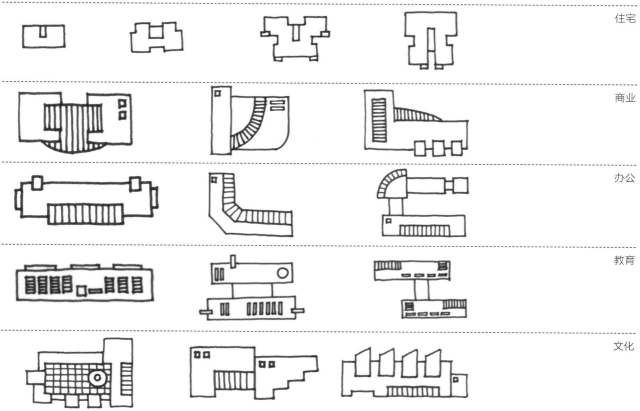

住宅

商业

办公

教育

文化

2. 准备建筑组合

规划设计着重地段的整体空间布局，因此建筑群体的组合比单体更为重要。考前可针对住宅、商业、办公、教育建筑等分别准备几种常用的建筑群组合方式，满足不同规划结构对建筑组合的需求。

住宅建筑组合	商业建筑组合	校园（办公）建筑组合
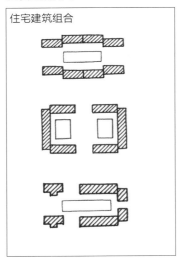	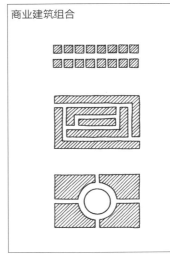	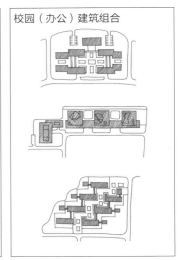

3. 准备常用场地

规划快题中出现的常用场地主要指机动车停车场和运动场，需要掌握停车场设置的基本要求和尺寸，了解篮球场、羽毛球场、400 m标准田径场等运动场的布置要求和大致尺寸（以下图中标注单位为m)。

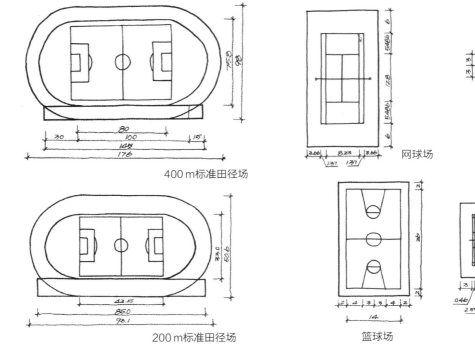

400 m标准田径场

网球场

排球场

200 m标准田径场

篮球场

羽毛球场

4.准备结构模式

在有限的考试时间内，考生不可能尝试各种空间组织方式。可针对不同的规划类型，预先准备2~3种适应性强的空间组织模式，把这几种模式的基本特征、适用对象、空间结构、道路交通、绿化景观等方面内容搞清楚，基本上就能够解决常规地形的规划设计问题。

小区

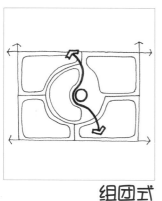
组团式

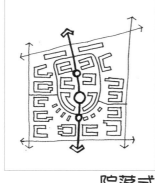
院落式

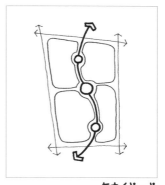
轴线式

城市中心区

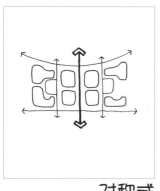
对称式

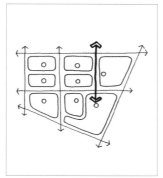
组团式

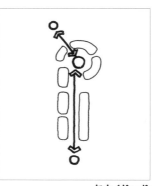
轴线式

校园

轴线式

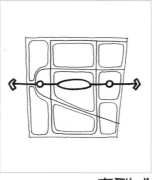
序列式

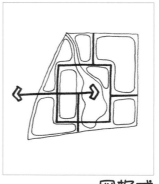
网格式

05.01.02 构图准备

> 卷面构图体现了考生的设计素质和规划逻辑。通过考前练习，了解主要内容在图纸中的比重及其相互之间的逻辑关系，考虑图纸的主次关系和图面均衡，准备3~4种典型的构图模式。

1. 准备标准化图名、标题

明确标准化图名和标题。宜采用简洁、直观的字体，注意与图面效果的搭配。考生可事先练习标准化的通用标题、图名及标注，准备"快题设计"、具体的题目标题及"三图"的标题等，大字可用空心字，小字尽量采用方块字，与整个图面效果协调。

标准化图名

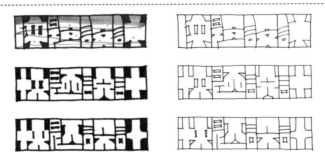

标题

标注

2. "三图"的总体排布

考生要针对规划快题特点，对图纸内容和图面排布进行整体的考虑。如果能用一张纸画完所有规定图纸，就尽量不用两张，饱满的一张图远比松散的两张图更有效果。图纸排布要考虑天地左右，在考前预留图纸边框大小，可以用铅笔在图纸上绘制好边框，一般留1cm左右。规划快题一般用A1图幅，宜采用横版，既绘制方便，又适用各种用地条件；当基地南北方向明显大于东西方向时，考虑竖版。在主体内容"三图"中，首先应考虑比重最大的总平面图，宜围绕图纸一角展开；其次成组成排布置分析图，图例绘制规范；最后根据余下的空间灵活布置鸟瞰图。

3."三字"的位置选择

标题的大小和位置需与整张图纸的构图保持和谐统一。一般标题应位于图纸的上边缘或下边缘，除基本的设计题目外，可以利用"快题设计"活跃图面。在同一份快题试卷上应使用相同的字体和统一图例，让图面看起来整洁、有序。设计说明和技术经济指标同样需要给出明确的位置，一般适合靠近标题的位置；当基地为异形时，可以考虑用设计说明和技术经济指标填充空白区域（见图5.1）。

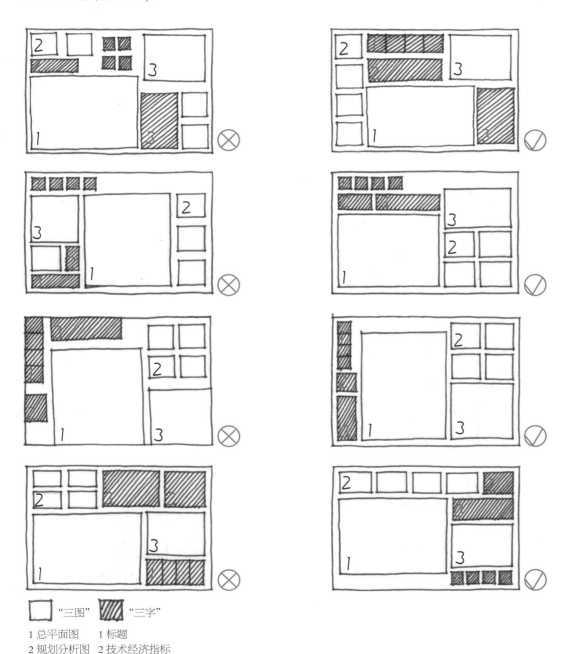

□ "三图"　▨ "三字"

1 总平面图　1 标题
2 规划分析图　2 技术经济指标
3 鸟瞰图　3 设计说明

图5.1 "三图"与"三字"的总体排布

05.01.03 工具准备

> 考场如战场，考试工具就如同士兵的枪，因此考前的工具准备非常重要，是决定考试成功的第一步。

1. 准备铅笔、橡皮、胶带、裁纸刀

考试前，考生要准备铅笔、橡皮、胶带、裁纸刀等基本绘图工具。

● 铅笔用于打底稿和绘制草图，要提前削好，笔头不要太尖，以免划破纸张，最好准备2~3支备用。常用铅笔型号：H、HB、2B。

● 橡皮用于修改草图和底稿，要使用软性绘图橡皮，以保证图纸的清洁。

● 胶带用于固定图纸和修改图面上小的错误，所以需要准备黏性较弱的。固定图纸最好使用纸胶带，其本身黏性较弱不会粘坏图纸。

● 裁纸刀，用于裁图纸，需要提前掰好刀片，以保证锋利好用。一般在考试前按照要求裁好纸张，以节省时间。

2. 准备4张A1或A2常用图纸

考试会提前告知图纸大小，如果没有明确说明，规划快题一般情况下是A1图纸，考生应根据自己平常使用的纸张类型，备足A1图纸4张，以备所需。

3. 准备3种不同型号的一次性针管笔

在考试前，考生必须精心挑选适合使用的笔，一般应准备3支笔头粗细程度不同的一次性针管笔，由细到粗，这样搭配使用可以表现出层次清晰的图面效果。

4. 准备常用上色笔（常用色号）

在考试时，一般使用马克笔和彩色铅笔上色。考生应结合平时的练习，准备已经熟练使用的马克笔和彩色铅笔，色彩选择至少适用三类对象：建筑、铺地和绿地。

5. 准备一字尺、三角板、比例尺、圆规

一字尺可以用于绘制图纸边框和较长的直线，以保证图纸的完整性；三角板可帮助绘制直角和平行线；比例尺可准确便捷地测量出各种比例大小的建筑物和场地，是控制尺度的非常好的工具；圆规可以用来绘制圆形图案。

6. 准备计算器

在考试时使用计算器，可以快速地计算技术经济指标，保证数据的准确和节省时间。

05.02 整体统筹：考场战略
时间安排　注意事项

　　考前准备是应试的基础工作，考生还需要对考试的整个过程和具体内容进行详细地统筹和安排。把握时间是考场战略的第一步，考场上的一分一秒对考生而言都是非常重要的，所以详细的考场时间计划非常有必要；在考试时更需要把握快题涉及的几个核心内容的关键点和注意事项。

05.02.01 时间安排

　　考生进入考场前，应对考试时间做整体的统筹安排，把考试时间的各个阶段进行合理划分，保证按时按质完成快题设计。规划快题考试时间从3小时到8小时不等，以3~4小时为短快题、6~8小时为长快题进行时间分配。

1. 3~4小时时间分配

　　短快题和长快题大体上都可以分为6个阶段，每个阶段的任务和内容相近，只是在时间分配上略有不同。这里要强调的是，短快题用时较少，更能够体现考生的快速设计能力，这就要求考生们在备考时注重快速方案能力的培养和一些素材的积累，这样到了考场上才能做到从容镇定，发挥自如。

　　不论是短快题还是长快题，最后都要提交一个完整的、深度统一的图纸。完整是指规划快题设计的内容要完整，不要丢项落项，避免不必要的失分。深度统一是指所有的图纸内容的表达要达到同样的深度，尤其在考试的最后阶段，要同时进行所有内容的绘制，避免有些图画的很细，有些图没有画完，这样才能体现图纸的整体性和统一性。

阶段	时间	任务	内容	
第1阶段	20~30分钟	审题	把握题眼、明确对象、确立目标	
第2阶段	20~30分钟	构思	规划结构、基本形态	
第3阶段	1~1.5小时	总平面图	建筑、道路、场地、绿化的绘制	20~30分钟，铅线稿
				15~20分钟，墨线定位
				15~25分钟，上色
				10~15分钟，细化，标注
第4阶段	40分钟	鸟瞰图	建筑、道路、绿化的鸟瞰表达	10分钟，铅线稿
				10分钟，墨线定位
				10分钟，上色
				10分钟，细节表现
第5阶段	20分钟	分析图	用地、结构、道路、景观分析	
第6阶段	20~30分钟	查遗补漏	"三图""三字"的检查	

2.6~8小时时间分配

阶段	时间	任务	内容	
第1阶段	30分钟	审题	这两个阶段是快题设计的成败关键，但时间不宜过长	对任务书的主要内容进行阅读，准确地把握题眼，确定对象和确立目标
第2阶段	0.5~1.5小时	构思		确立方案的设计理念，形成方案的规划结构和基本形态
第3阶段	2.5~3小时	总平面图	这个阶段包括两部分：一部分是完成总平面图的表达，表达内容包括建筑、道路、场地、绿化等，具体要求参见前面章节；另一部分是对总平面进行标注，包括建筑名称、出入口、层数、场地名称、周边道路名称、指北针、比例尺和图名等	(1)铅笔稿打底，40~50分钟。这个阶段要求对总平面图的周边道路、用地、建筑轮廓、场地布局、核心空间位置和形态等进行初步绘制
				(2)墨线定位，40~50分钟。在这个阶段中对总平面图进行进一步深化，明确方案细节
				(3)上色，40~50分钟。总平面图的色彩一般有淡雅和明艳两种风格，不管采用哪种风格，整体上都要达到色彩的协调统一。先铺底色，再刻画重点环境
				(4)细节刻画，完善标注，30分钟。利用色彩、笔触刻画细节，绘制建筑和阴影，重点突出核心景观。完成地段内主要功能组团、公共空间、主要出入口、周边道路名称、指北针等的标注
第4阶段	1.5~2小时	鸟瞰图	在内容完整的基础上，鸟瞰图的表达要尽可能达到一定的深度，而且要凸显层次，对于方案的亮点和核心空间要进行更深程度的刻画	(1)铅笔稿，20~40分钟，确定鸟瞰角度，竖立建筑高度
				(2)墨线，15~30分钟，刻画建筑细节，进一步深化方案
				(3)上色，15~30分钟，做到风格统一，整体凸显层次
				(4)细节刻画，10~20分钟，增加光影刻画，体现丰富空间
第5阶段	30分钟	分析图	分析图是规划快题中不可缺少的一部分，也是评阅人了解考生的设计理念的途径之一。因此，在考试时，一定不要缺失这部分内容，分析图的表达应具有整体性和一定的表达逻辑顺序	
第6阶段	30分钟	查遗补漏	由于每个考生的快题完成情况不同，所剩时间不同，因此在尽快完成前面各阶段的内容后，用剩余时间快速检查图纸的内容，进行查漏补缺	

05.02.02 注意事项

> 快题考试包括从审题、构思、图纸绘制到说明文字编撰等各个环节。考生应抓住每个环节的关键点，在复习考试的最后阶段，展开针对性的练习，以取得事半功倍的效果。

1. 审题阶段（见图5.2）

A 抓住题眼，避开陷阱

仔细阅读背景资料，了解地段所在城市及地区的整体情况，明确任务要求。通过任务书解读，分析题目所给已知条件和隐含条件，明确哪些是可以利用的积极条件，哪些是需要避开的"陷阱"。特别注意以下方面。

●规划地段在城市中所处的区位。城市道路对地段开口的要求，周边用地性质对地段的影响，周边的自然山体、水体及文物古迹能否纳入地段的景观视线内等。

●规划地段自身条件。地形地貌，基地内水体、山体等自然景观，古建、历史街区等人文景观。

B 确定对象，明确目标

明确任务书对地段性质的要求；建设总量要求，通过容积率大致估算出地段的建筑密度；明确设计目标人群和行为活动的基本特征；形成初步的空间意向和设计理念。

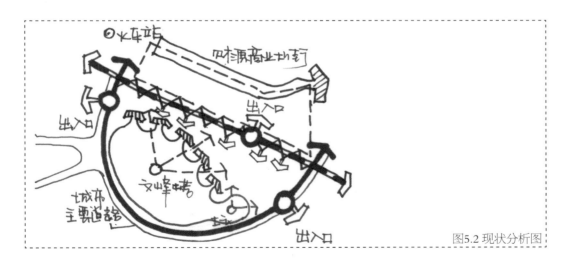

图5.2 现状分析图

2. 构思阶段（见图5.3）

A 区位研究，结构规划

设计构思首先是地段的整体规划结构研究，形成符合地段特征和任务要求的规划结构。

●正确处理基地与城市关系，把握好道路及主要步行出入口位置。

●功能组团的排布，形成秩序清晰、组织合理的用地布局。

●道路交通的组织，形成联系便捷、人车分行、层次分明的整体框架。

● 空间结构的完善，注意入口空间、核心空间和节点空间的整体构架和相互关联。

● 绿化景观的营造，注意景观点、景观面和视线的关系，突出核心景观。

B 风貌控制，形态设计

依据规划结构，进行整个地段的风貌控制和建筑群体形态设计。

● 地段临近城市历史文化风貌区或者基地有保留的历史建筑，相邻部分的建筑风格宜采用传统风貌。坡屋顶、小尺度院落空间是最主要的设计手法。根据条件的限制程度，可以考虑对传统风貌的现代演绎，适当的增加现代元素，如平坡屋顶结合、扩大尺度的院落等，形成现代与传统的和谐统一。如果没有特别的限制条件，则通常采用现代设计风格，塑造当代都市风貌。

● 主要从规划结构和功能特征出发，结合场地的形态特征，营造多样统一的群体建筑布局，形成良好的外部空间环境，创造适宜人们活动的室外场所。

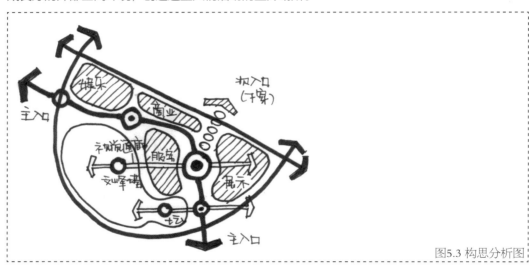

图5.3 构思分析图

3. 总平面绘制（见图5.4）

A 建筑凸显，局部细化

建筑是总平面的主体要素之一，在时间充裕的前提下，最好对建筑表达进行细部处理，增加建筑的表现力。主要的处理手法有：

● 注意主要建筑形体变化，凸显其重要性，增加图纸表达深度；

● 加粗外轮廓线，使得体块的空间关系、组合关系更加清楚；

● 用双线来表示出女儿墙；

● 屋顶适当增加细节表达，利用玻璃天窗、室外平台等来丰富图面；

● 添加阴影明确建筑的定位。

B 环境刻画，主次有别

总平面绘制应有主次轻重之分。重点空间详细刻画，而边缘、非重点地带可适当放松。主要体现在以下方面：

● 入口空间和核心公共空间要详细设计，通过地面铺装的详略、绿化的丰富程度区分重点场地和一般场地；

●涉及滨水地段，滨水空间是总平面表达的重点之一，水岸线宜采用双线，通过内阴影表现水岸的高度，水面利用色彩的笔触加强表现力；

●中心绿化不同于道路绿化，避免单一的线形排列，树木配植宜采用园林手法，成团成组表现；

●机动车道、人行道和场地在颜色上区分开来。

C 层次分明，色彩协调

总平面图作为规划快题最主要的评分依据，要特别注意图面表现，所有空间要素的绘制应整体统一、层次清晰。明确图面基本色调，在统一中寻求变化，丰富而不杂乱，明快而不艳俗。

D 注释清晰，完整统一

总平面的注释应清晰、全面、统一。一般包括图名、建筑层数、主要出入口、主要建筑功能、主要场地功能、周边道路名称、指北针、比例尺等。

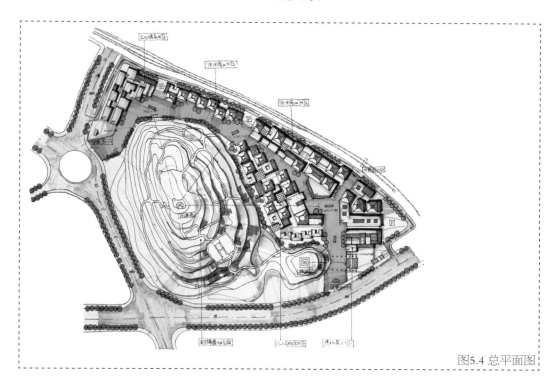

图5.4 总平面图

4. 分析图绘制（见图5.5~图5.8）

规划快题设计中，分析图是必不可少的，但不是考试的出彩点。因此以表达的准确性和内容的真实性为基本准则。

A 表达完整，特点突出

分析图主要包括用地组织规划图、空间结构规划图、道路交通分析图、绿化景观分析图等。此外，如果考生在设计中确有独特的想法，也可针对构思做1~2张分析图。

B 简洁明确，一目了然

为避免分析图的空洞和零散，图纸比例不宜过大，每个分析图都应有基础底图，包括用地形态、周边道路等。选择简洁明确的图解语言，避免信息重叠，每张图只需表达一个完整的分析内容。

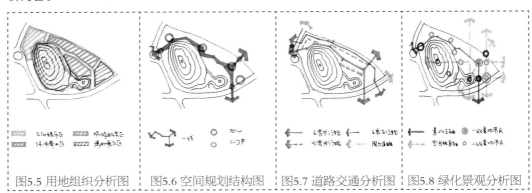

| 图5.5 用地组织分析图 | 图5.6 空间规划结构图 | 图5.7 道路交通分析图 | 图5.8 绿化景观分析图 |

5. 鸟瞰图绘制（见图5.9）

A 透视准确，视点合适

鸟瞰图一定要保证透视准确，为避免出错，尽量采用轴测图方式，但视点不宜过高。一般选择南侧视角，方便光影刻画。如基地周边有特殊环境条件，在绘制时应纳入图面，整体考虑。

B 主次分明，层次清晰

鸟瞰图反映地段整体空间效果，在绘制时简化细节，突出整体。考生只需对近景建筑，主入口、核心场地周边建筑进行重点刻画，远处的和次要的建筑放松。

C 环境烘托，配景简化

在鸟瞰图中，环境主要起烘托空间关系的作用，表现宜简化，不应喧宾夺主。树是必不可少的环境要素，表达时应注意透视的远近虚实关系。近处的树木可以采用单株的表达方式，适当刻画细节，远处宜采用树丛，表达出大概空间关系即可。

图5.9 鸟瞰图

6. 文字表述

A 逻辑清晰，内容完整

文字部分主要以本书总结的"三字"为主，核心内容是设计说明和技术经济指标。设计说明的字数不宜过多，以条目的方式罗列，先总述再分述，先理念后空间。文字撰写从以下几个层面入手：对基地周边环境和用地现状的简单概括，总体的设计原则、设计构思和设计目标，用地的总体布局和空间结构，道路交通系统规划，绿化景观设计等。技术经济指标是考生经常忽略的内容，指标和单位要认真核查，避免出错。

B 用词规范，字迹工整

城市规划专业对学生的文字能力有很高的要求，设计说明和技术经济指标的用词要规范，避免口语化描述。书写应工整，宜采用工程字体或方块字，避免连笔的个人行书。图名可通过画线等手法加以修饰，所有的文字在写前最好用铅笔打上分行线，保证图面的整洁、美观。

7. 修改完善小技巧

紧张而匆忙的绘图过程难免会出现笔误或局部小错误，在更正时需要使用修改工具，根据纸张和绘图笔选用不同的修改工具。

橡皮	修正液	胶带纸	双面刀片
适用于修改铅笔线图，使用时注意保持橡皮干净，用力轻缓	适用于修改钢笔、马克笔绘图，由于修正液自身呈现不透明色，只有在白纸上才能避免有使用的痕迹，在其他色纸上不建议使用	用于修改白色绘图纸上的墨线，用胶带纸将绘图纸最上面一层粘掉，同时去掉画错的墨线。使用较为方便，修改后的地方不能重复绘制	适用于修改白色绘图纸、硫酸纸上的墨线。绘图纸一般采用铲的办法，硫酸纸可以直接刮除，修改后的地方可以重复绘制

8. 特别注意事项

A 图纸内容完整

考生要认真阅读任务书，明确成果要求，避免缺项漏项，并在时间许可的情况下，将分析过程充分表现出来。

B 表达深度一致

在绘制过程中根据每张图的特点控制时间，避免某张图特别详细，其他图则潦草结束。一张画面整体协调统一的图纸远比一个细致刻画的图更有感染力。

C 避免技术性"硬伤"

在快题考试中，避免出现常识性错误。考试中的技术性常识一般包括基地的容积率、建筑密度、基本建筑尺度、住宅的日照间距、居住区的出入口数量和间距等。

D 最终检查必不可少

快题考试应安排出检查时间，核查所有图纸的图名、指北针、比例尺、文字说明等是否完整，并核对姓名和准考证号码是否准确无误，做到万无一失。

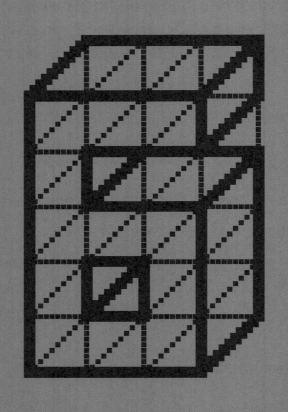

06

快题实例——评价与解析

快题考试

最终通过试卷的评阅判定成绩。考生应了解规划快题的评价标准，从而使备考目标更为明确，重点更为突出，避免整体方向上的失误和偏差。实际试卷的学习和解析也是备考必不可少的内容，可以让考生进一步明确规划快题考查的特点、重点和难点，为考生充分发挥专业水平、取得优异成绩创造条件。本章从内容和表达两个方面介绍快题考试的评价标准，选择住区、城市中心区和大学校园的典型考题与试卷进行评析。

06.01 评判标准：内容与表达
内容的准确性　表达的有效性

内容的准确性和表达的有效性是评判考卷的两个主要方面。内容是本质问题，反映了考生对基本知识的掌握程度和对实际题目的灵活应用能力，是评判的主要依据；表达是形式问题，反映了考生的专业素质和图纸表现技能，是评判的重要参考。

06.01.01 内容的准确性

内容的准确性包括两个层面的考查。首先是整体的评价，包括对考题正确理解、规划设计方案合理性和成果内容完整性的考查；然后是设计水平的认定，包括对规划结构、建筑布局和环境设计等设计内容水平的判定。

1. 整体评价

通常情况下，评阅人首先会快速浏览所有图纸，通过对规划方案的初步审阅和成果内容的完整性检查，建立对考卷的整体印象，形成大致的成绩分档。

A 符合任务要求

规划快题考试是命题作文，一般情况下会给定具体的地段，明确任务要求，如本书总结的三大类规划设计对象。但是，任务要求具有很大的灵活性，有时会增加对其他内容的考查，如总体规划、控制性详细规划、开发策划等。考生首先要明确任务书的意图与要求，避免先入为主、在没有读懂题意或者忽略题目隐含条件的情况下直接开始方案设计，造成方向性错误。

B 方案合理可行

在明确任务要求后，就要进行地段的空间布局规划。方案应尊重周边地段和场地的现实条件，形成合理的功能与空间布局。方案的合理性体现在整体用地布局的合理性、空间结构的完整性、道路系统的便捷性、建筑形态的准确性和环境设计的适宜性等方面。缺乏整体观念的用地组织、毫无章法的空间结构、随意设置的道路开口、散乱的建筑群体布局、失尺度的建筑形态、潦草的环境设计等都应注意避免。

C 成果内容完整

快题考试对成果有明确规定，本书概括为"三图"与"三字"。"三图"应符合制图规范，达到基本深度要求，注意相关的标注和注释。"三字"是充分表达设计意图的重要内容，语句应规范，文字宜简练，数字应准确，单位不能出现错误。考卷中经常会出现深度不够、标注不全、缺图漏项等问题，影响成绩。除此而外，要仔细核对任务要求，其有时会包括用地规划图、沿街立面图和节点放大图等图纸。

2. 设计水平

在成绩分档的基础上，评阅人会详细审阅每一份图纸。通过对规划结构、建筑布局、环境设计和图面效果等的深入评析，确定方案的设计水平和具体分数。

A 规划结构

规划结构是方案评析的首要内容，良好的规划结构来自于对题目的正确理解和对基地条件的周密分析。规划结构的合理性反映在以下方面：第一，用地布局的合理性，各功能组团的布置和对内对外相互关系；第二，空间结构的完整性，入口空间与核心空间的布局和整体关系；第三，道路设置的合理性，机动车与步行动线的组织与相互关系，内部主要道路的服务效率及与基地周边道路的衔接。

B 建筑布局

建筑群体空间布局是落实规划结构的基本途径，建筑布局规划要求考生具备良好的专业素质，尤其是建筑学基本功。评价包括以下方面：第一，整体空间组织逻辑清晰，梳理核心空间与标志性建筑，附属空间与配套建筑的关系；第二，建筑群体和谐有序，突出整体的空间秩序，形成明确的空间关联；第三，建筑尺度形态适宜，符合不同性质的建筑尺度，形成良好的开放空间。

C 环境设计

环境设计是整个方案的基底，是完善方案细节、突出方案特点的重要内容，要求考生具备基本的场地和景观规划知识。评价包括以下内容：第一，场地设计的合理性，场地的环境设计是否符合功能布局特点；第二，场地设计内容的完整性，设计深度是否达到任务的基本要求；第三，环境设计的创意性，是否结合场地特征，形成特色鲜明的环境设计；第四、环境设计表达的准确性，是否选择合适的表现手法反应设计内容。

06.01.02 表达的有效性

对图面表达的评判贯穿在图纸的整个评阅过程中。表达不只是为了图面效果，更是为了准确、有效地传达，即通过合适的图形语言和色彩清晰传达设计构思和方案特点，能够让评阅人充分领会设计意图。

1. 总体印象

在总体评价中，图面表达发挥很大作用。内容完整、构图饱满、绘制工整的图纸会给评阅人留下深刻印象，获得好的成绩分档。

A 内容完整，制图规范

表达首先要强调内容的完整性和规范性。考生在绘制正式图前，应仔细核对任务要求，明确成果内容，避免缺图漏项。所有的图纸必须符合制图规范，以准确、有效为标准，避免太过个性化的表现方式。

B 图面均衡，排布有序

图纸排布应符合基本的阅读习惯。这就要求考生从图面的整体效果出发，围绕最主要的、也是占图幅最大的总平面图进行整体的图纸排布。其他图纸有序排列，同类图相对集中（如规划分析图），形成均衡的图面布局。

C 绘图工整，标注完备

徒手图不是草图，在绘制时应尽量规整、有序，无论是建筑轮廓线、场地边界的墨线稿，还是场地草地等的色彩平涂，避免天马行空、任意随性。图纸的标注应完备、准确，注意文字应尽量工整，避免缺项、漏项。

2. 图面效果

优秀设计方案的图面效果通常都是最好的。具体反映在内容清晰、重点突出、色彩协调和技巧娴熟等方面（见图6.1）。

A 图面完整，内容清晰

绘制内容、图面布局完整，主要图纸、标注清晰明确，是实现有效传达的基础，也是形成良好图面效果的前提。避免出现布图散乱、没有规划，内容缺失、不完整，线条模糊、潦草，色彩搭配随意、混乱等表现大忌。

B 重点突出，细节深入

快题设计毕竟是在短时间内完成的，不可能面面俱到，应突出重点，尤其是主要建筑和核心公共空间。通过色彩和线形的变化突出建筑实体，细化公共空间环境设计，呈现地段整体空间格局和设计重点。

C 色彩协调，深浅适宜

规划图纸包含的信息较多，在绘制时应统筹考虑。色彩代表着不同的设计对象，应注意各对象之间的相互协调和层次。注意图面灰度的有效控制，通过建筑轮廓的加粗、阴影的绘制调整图面效果。

D 技巧娴熟，效果突出

流畅的线条绘制、和谐的色彩搭配及适当的纸张和绘图工具选用都反映了考生良好的专业素质。考生应强化对于图面表达的训练，既提高自己的专业技能，也为获得理想的成绩创造条件。

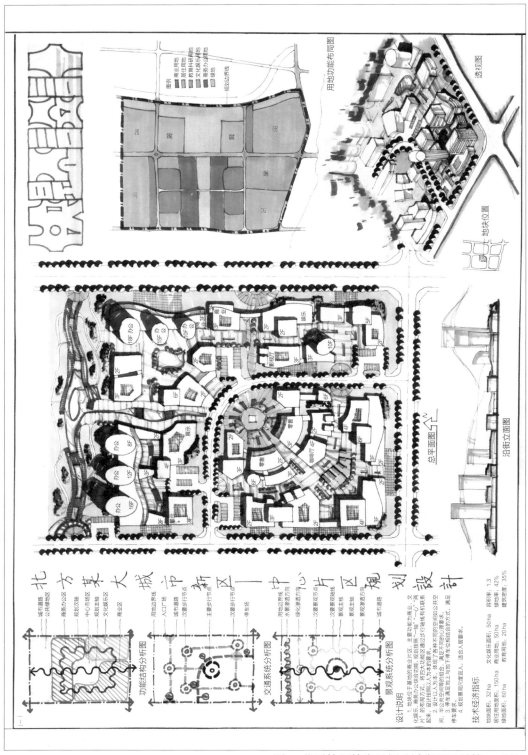

图6.1 优秀快题答卷示例（试卷题目见第152页）

06.02 快题实例：示例与评析

住区　城市中心区　大学校园

根据规划快题的考试特点，综合国内高等院校考研和用人单位招聘采用的考题类型，选取具有代表性的住区、城市中心区和大学校园快题为评析对象（见表6.1）。

表6.1 国内部分高校城市规划快题考试信息一览

考试信息			重庆大学		东南大学		哈尔滨工业大学		华南理工大学		清华大学		同济大学		天津大学		西安建筑科技大学	
			初试	复试	初试	复试	初试	复试	初试	复试	初试	复试	初试	复试	初试	复试	初试	复试
2011年	考试时间	3~4小时		▲											▲	▲		
		6~8小时	▲		▲	▲	▲		▲				▲			▲	▲	▲
	考题类型	住区																
		城市中心区	▲				▲						▲			▲	▲	▲
		大学校园																
		其他			▲	▲			▲									
2012年	考试时间	3~4小时		▲											▲	▲		
		6~8小时	▲		▲	▲	▲		▲				▲			▲	▲	▲
	考题类型	住区																
		城市中心区					▲	▲	▲									▲
		大学校园	▲															
		其他			▲	▲							▲					▲
2013年	考试时间	3~4小时		▲											▲	▲		
		6~8小时	▲		▲	▲	▲		▲				▲			▲	▲	▲
	考题类型	住区			▲												▲	
		城市中心区	▲						▲									▲
		大学校园																
		其他			▲													
2014年	考试时间	3~4小时		▲											▲	▲		
		6~8小时	▲		▲	▲	▲		▲				▲			▲	▲	▲
	考题类型	住区																
		城市中心区														▲	▲	▲
		大学校园																
		其他	▲	▲	▲				▲				▲					

（按大学首字拼音排序，考试信息为网络检索，仅供参考。）

06.02.01 住区

住区是规划快题考试最常见的类型。题目设置灵活，考查较为全面，适用于各类型快题考试。本书选择商住混合区、住区和与之相关的疗养度假区进行举例评析。

1. 硕士研究生规划设计与创作课程快题（6小时）

■ 北方某城市居住小区规划设计

规划地段总占地面积 25.6 ha，西面紧邻城市公园——养寿园，公园中留存近现代文化遗产。南面有城市河流经过，北面、东面均为居住区（见附图）。现考虑A地块为商业用地，拟开发为中高档特色商业街；B地块为居住用地，可考虑设置幼儿园和相应配套设施。

□ 规划要求内容

（1）A地块：商业用地，占地面积9.8 ha，拟考虑设置相关商业服务设施，包括商场、精品店、餐饮娱乐等内容，容积率控制在1.2左右。

（2）B地块：居住用地，面积15.8 ha，其内容考虑6班的托幼、物业管理、居民活动中心、配套商铺等，日照系数1:1.2，容积率1.8左右。

□ 规划成果要求

（1）总平面图（1:2000或1:1000）。

（2）规划结构图。

（3）局部鸟瞰图或轴测图。

（4）其他必要的相关图纸。

（5）规划设计说明。

附图　规划用地范围示意图

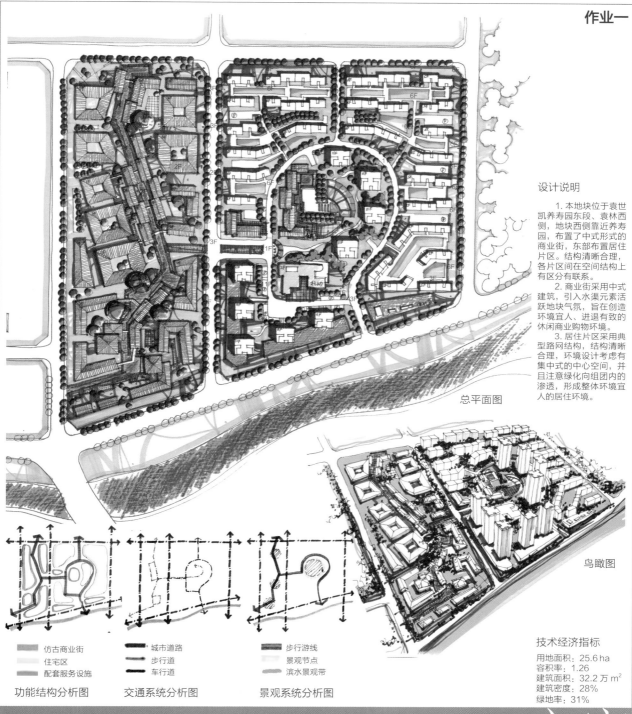

作业一

总平面图

鸟瞰图

设计说明

1. 本地块位于袁世凯养寿园东段、袁林西侧，地块西侧靠近养寿园，布置了中式形式的商业街，东部布置居住片区。结构清晰合理，各片区间在空间结构上有区分有联系。

2. 商业街采用中式建筑，引入水渠元素活跃地块气氛，旨在创造环境宜人、进退有致的休闲商业购物环境。

3. 居住片区采用典型路网结构，结构清晰合理，环境设计考虑有集中式的中心空间，并且注意绿化向组团内的渗透，形成整体环境宜人的居住环境。

图例：
- 仿古商业街
- 住宅区
- 配套服务设施
- 城市道路
- 步行道
- 车行道
- 步行游线
- 景观节点
- 滨水景观带

功能结构分析图　　交通系统分析图　　景观系统分析图

技术经济指标

用地面积：25.6 ha
容积率：1.26
建筑面积：32.2万 m²
建筑密度：28%
绿地率：31%

该方案结构较完整，布局合理，尺度适宜。通过建筑形态和道路景观系统的规划，表达东、西两个地块的功能属性，方案应对了基地周边的养寿园和河流的问题，但西侧商业街设计还需推敲，局部空间处理不当，环境设计深度不够。
图面清晰完整，表达方式较好，水面的处理方式欠佳。

方案评析

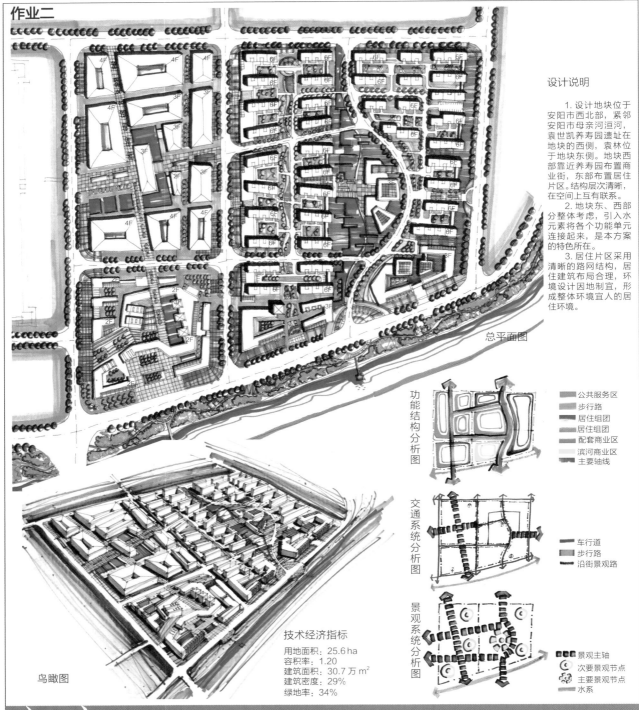

作业二

4F 4F 4F

4F

4F

3F

4F

6F 6F 6F 6F

6F 6F 6F 6F 6F 6F

6F 6F

6F

6F

6F

3F

3F

2F

2F

设计说明

1. 设计地块位于安阳市西北部，紧邻安阳市母亲河洹河，袁世凯养寿园遗址在地块的西侧，袁林位于地块东侧。地块西部靠近养寿园布置商业街，东部布置居住片区。结构层次清晰，在空间上互有联系。

2. 地块东、西部分整体考虑，引入水元素将各个功能单元连接起来，是本方案的特色所在。

3. 居住片区采用清晰的路网结构，居住建筑布局合理，环境设计因地制宜，形成整体环境宜人的居住环境。

总平面图

鸟瞰图

功能结构分析图

- ■ 公共服务区
- ■ 步行路
- ■ 居住组团
- ■ 居住组团
- ■ 配套商业区
- ■ 滨河商业区
- ■ 主要轴线

交通系统分析图

- ■ 车行道
- ■ 步行路
- ■ 沿街景观路

景观系统分析图

- ■ 景观主轴
- Ⓒ 次要景观节点
- ✿ 主要景观节点
- ■ 水系

技术经济指标

用地面积：25.6 ha
容积率：1.20
建筑面积：30.7 万 m²
建筑密度：29%
绿地率：34%

方案评析

方案规划思路清晰，用地布局较合理，空间组织有序、富于变化。但也存在着较明显的问题，太过拘泥于空间轴线的关联，造成居住用地出入口过多。商业地块的规划结构略显松散，尺度控制不佳。

图面完整，线条流畅，但总平面图东、西两侧地块的表达深度不均衡。

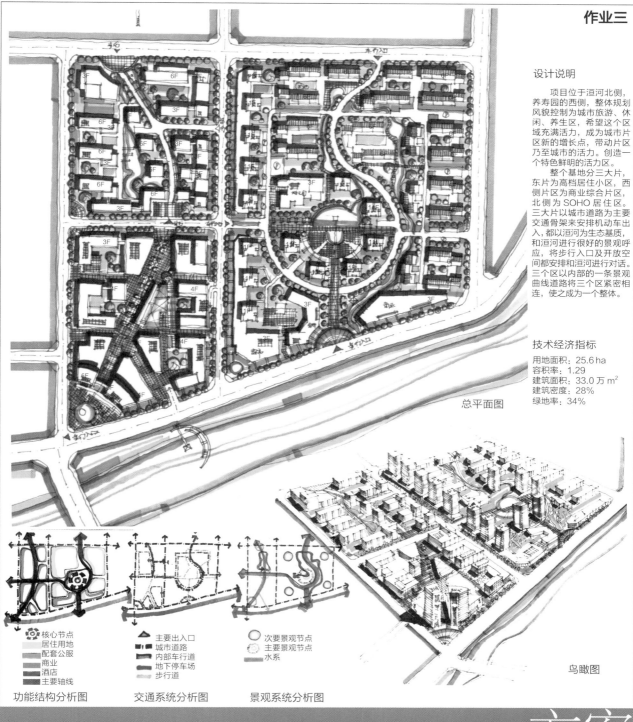

作业三

设计说明

项目位于洹河北侧，养寿园的西侧，整体规划风貌控制为城市旅游、休闲、养生区，希望这个区域充满活力，成为城市片区新的增长点，带动片区乃至城市的活力。创造一个特色鲜明的活力区。

整个基地分三大片，东片为高档居住小区，西侧片区为商业综合片区，北侧为 SOHO 居住区。三大片以城市道路为主要交通骨架来安排机动车出入，都以洹河为生态基质，和洹河进行很好的景观呼应，将步行入口及开放空间都安排和洹河进行对话。三个区以内部的一条景观曲线道路将三个区紧密相连，使之成为一个整体。

技术经济指标

用地面积：25.6 ha
容积率：1.29
建筑面积：33.0 万 m²
建筑密度：28%
绿地率：34%

总平面图

鸟瞰图

核心节点
居住用地
配套公服
商业
酒店
主要轴线

主要出入口
城市道路
内部车行道
地下停车场
步行道

次要景观节点
主要景观节点
水系

功能结构分析图　　交通系统分析图　　景观系统分析图

该方案构思清楚，结构较完整，居住地块空间组织丰富，采用人车分行的道路系统，结合绿化景观的设置，形成层次清晰、疏密得当、设施完善的空间环境。但东侧商业地块规划手法稍显生硬，北侧增加的居住用地与任务书不符。

图面疏密有致，环境刻画较深入，整体效果突出。

方案评析

2. 硕士研究生规划设计与创作课程快题（6小时）

■ 西安曲江新区某小区规划设计

随着我国城市居民生活水平的逐步提高，居民的生活方式和观念都发生了很大变化。曲江位于西安城区东南部，为唐代著名的曲江皇家园林所在地，境内有曲江池、大雁塔及大唐芙蓉园等风景名胜古迹。现曲江拟建一居住小区，南邻曲江寒窑，周围基本为在建小区，基地共占地16.84 ha，其中红线内为13.79 ha，现状基地内为空地（见附图）。

□ 规划内容要求

（1）指标控制。

根据《城市居住区规划设计规范（2002年版）》（GB 50180—1993）有关指标进行规划设计。

容积率：2~3。

日照间距：1.3。

车位要求：适度考虑汽车停车和自行车停车。

绿地率：建议不小于30%。

后退红线控制：见具体地形要求。

（2）规划设计要体现合理的功能系统、适宜的服务配套设施及和谐的居住环境，突出人、环境、城市的协调发展。

□ 规划成果要求

（1）总平面图（1:2000或1:1000）。

（2）规划结构图。

（3）局部鸟瞰图或轴测图。

（4）其他必要的相关图纸。

（5）规划设计说明。

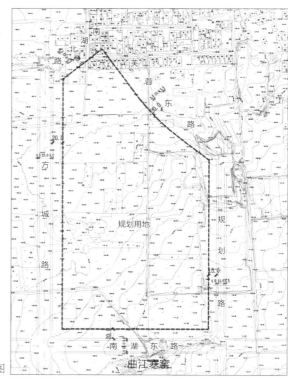

附图　规划用地范围示意图

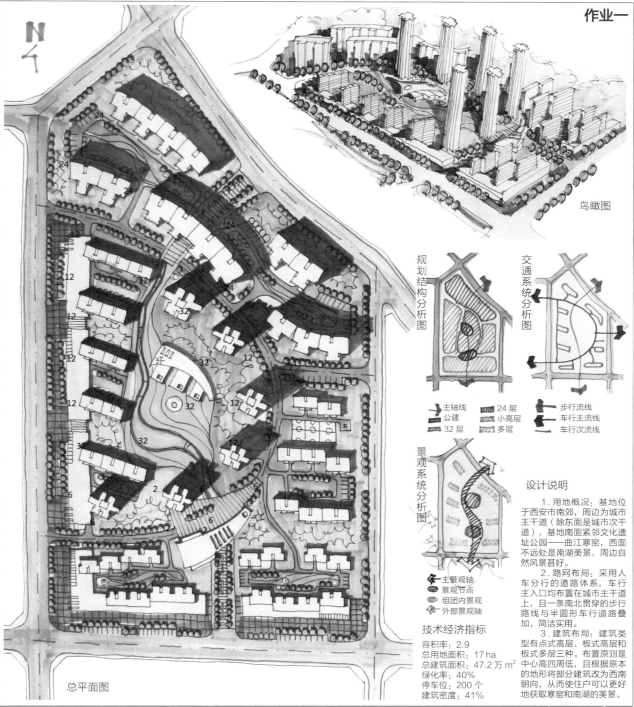

作业一

鸟瞰图

规划结构分析图

交通系统分析图

主轴线　　24层
公建　　　小高层
32层　　　多层

步行流线
车行主流线
车行次流线

景观系统分析图

主景观轴
景观节点
组团内景观
外部景观轴

技术经济指标

容积率：2.9
总用地面积：17 ha
总建筑面积：47.2 万 m²
绿化率：40%
停车位：200 个
建筑密度：41%

总平面图

设计说明

1. 用地概况：基地位于西安市南郊，周边为城市主干道（除东面是城市次干道），基地南面紧邻文化遗址公园——曲江寒窑，西面不远处是南湖美景，周边自然风景甚好。

2. 路网布局：采用人车分行的道路体系，车行主入口均布置在城市主干道上，且一条南北贯穿的步行路线与半圆形车行道路叠加，简洁实用。

3. 建筑布局：建筑类型有点式高层、板式高层和板式多层三种。布置原则是中心高四周低，且根据原本的地形将部分建筑改为西南朝向，从而使住户可以更好地获取寒窑和南湖的美景。

方案评析

方案结构完整、总体布局合理。交通组织采用人车分行方式，步行系统结合小区会所、幼儿园等公建设施和核心广场展开；层次清晰、重点突出。摆脱了小区惯用的"园林式"设计，简洁流畅又不失变化，颇具新意。点式高层建筑尺度偏小，幼儿园设置在中心绿地上会造成使用上的干扰。

画面生动，用色协调，手法娴熟。遗憾的是总平面图标注不全，总体上看是一份较好的规划快题作业。

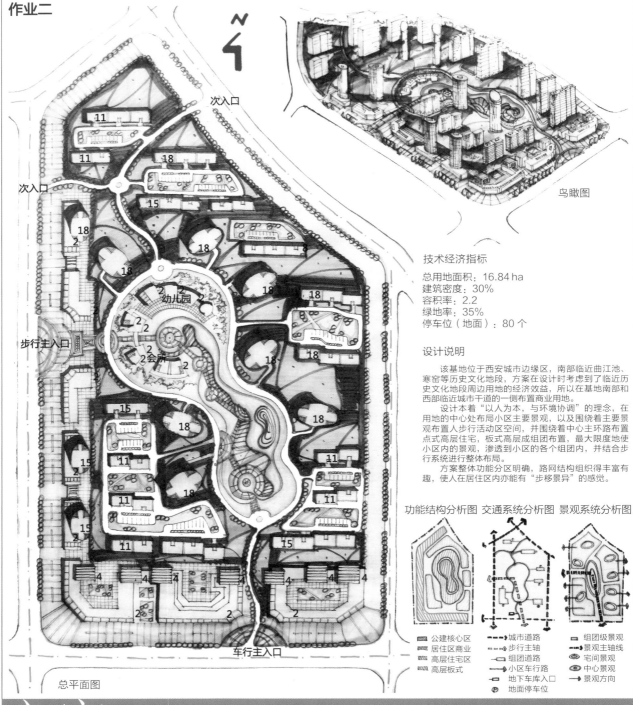

作业二

次入口

次入口

步行主入口

11
11
18
18
2
18
2
幼儿园
2
2
2会所
2
15
18
11
18
11
18
15
15
11
15
15
18
4 4 4 4 4 4
2 2 2
车行主入口

总平面图

鸟瞰图

技术经济指标

总用地面积：16.84 ha
建筑密度：30%
容积率：2.2
绿地率：35%
停车位（地面）：80 个

设计说明

　　该基地位于西安城市边缘区，南部临近曲江池、寒窑等历史文化地段，方案在设计时考虑到了临近历史文化地段周边用地的经济效益，所以在基地南部和西部临近城市干道的一侧布置商业用地。

　　设计本着"以人为本，与环境协调"的理念，在用地的中心处布局小区主要景观，以及围绕着主要景观布置人步行活动区空间，并围绕着中心主环路布置点式高层住宅，板式高层成组团布置，最大限度地使小区内的景观，渗透到小区的各个组团内，并结合步行系统进行整体布局。

　　方案整体功能分区明确，路网结构组织得丰富有趣，使人在居住区内亦能有"步移景异"的感觉。

功能结构分析图　交通系统分析图　景观系统分析图

公建核心区　城市道路　组团级景观
居住区商业　步行主轴　景观主轴线
高层住宅区　组团道路　宅间景观
高层板式　小区车行路　中心景观
地下车库入口　景观方向
地面停车位

方案评析　　方案布局灵活，结构清晰。步行系统结合水面展开，并在小区中心形成以休闲广场为核心的空间节点。高层、多层居住组团布置疏密得当，形成有特色的空间环境。但是不足之处在于小区交通系统布置略显凌乱，车行道路曲折变化过多，沿街高层尺度、朝向均出现错误。

　　图面表达完整、重点突出、用色协调，能清晰地表达设计意图。

作业三

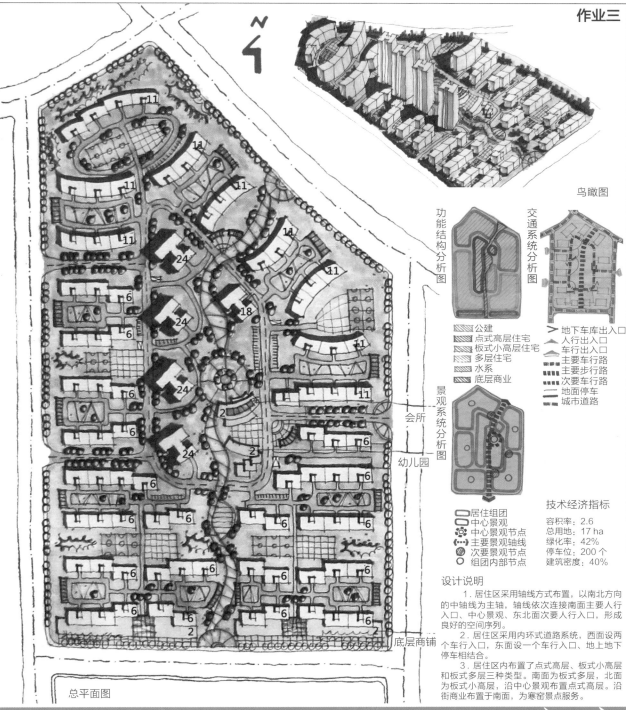

鸟瞰图

功能结构分析图

交通系统分析图

景观系统分析图

会所

幼儿园

底层商铺

总平面图

公建
点式高层住宅
板式小高层住宅
多层住宅
水系
底层商业

地下车库出入口
人行出入口
车行出入口
主要车行路
主要步行路
次要车行路
地面停车
城市道路

居住组团
中心景观
中心景观节点
主要景观轴线
次要景观节点
组团内部节点

技术经济指标

容积率：2.6
总用地：17 ha
绿化率：42%
停车位：200 个
建筑密度：40%

设计说明

1. 居住区采用轴线方式布置，以南北方向的中轴线为主轴，轴线依次连接南面主要人行入口、中心景观、东北面次要人行入口，形成良好的空间序列。
2. 居住区采用内环式道路系统，西面设两个车行入口，东面设一个车行入口、地上地下停车相结合。
3. 居住区内布置了点式高层、板式小高层和板式多层三种类型。南面为板式多层，北面为板式小高层，沿中心景观布置点式高层。沿街商业布置于南面，为寒窑景点服务。

方案规划结构清晰明确。采用人车分行方式，空间组织完整而富有秩序感。公建设施布置沿步行带展开。但是，小区的景观设计和住宅布置手法割裂，住宅类型单一且密度过大，公共绿地面积偏小。出入口和停车场设计欠缺考虑。

图面完整，较好地表现出设计意图，但运笔稍显拘谨，分析图绘制粗糙、潦草。

方案评析

3. 城市规划与设计硕士研究生入学考试试题（6小时）

■灰汤温泉疗养度假区规划设计

规划地段位于湖南省长沙市宁乡县灰汤镇，宁乡县属中亚热带向北亚热带过渡的大陆性季风湿润气候，四季分明，寒冷期短，炎热期长。全县年日平均气温16.8℃，一月日平均气温4.5℃，七月日平均气温28.9℃。年平均无霜期274天，年平均日照1737.6小时，境内雨水充足，年均降水量1358.3 mm，年平均相对湿度81%。宁乡境内多为丘陵地带，山地、平原、江河相映成趣，气候宜人，植被丰富。宁乡自然资源丰富，有着巨大的开发潜力。灰汤镇地处县境西南部、宁乡县与湘乡市交界处，位于我国著名的长沙—花明楼—韶山这一红色旅游线上，与周边城镇长沙、湘潭、娄底、益阳等皆在一小时经济圈内，镇域总面积44.1 km²，人口2.26万。灰汤镇蕴含丰富的地热资源，灰汤温泉以微量元素丰富、水温高等特点享誉世界，为中国三大高温温泉之一，因其具有独特而显著的疗养保健效果，而成为国内重要的休闲疗养度假目的地之一。（见附图1）

规划地段位于城市对外高速公路的下线口附近，北望紫龙湖和东鹜山旅游风景区，东侧与高尔夫球场一路相隔。地段东西长，南北窄，场地西侧地形较为复杂，东侧平缓，内有水塘若干，总面积约为15 ha。（见附图2）

□规划内容要求

（1）建设内容包括温泉度假酒店及温泉SPA中心建筑，面积约4万m²，温泉度假别墅建筑面积约4万m²，后勤配套设施用房约1万m²，总建筑面积约9万m²。上下浮动不超过10%。

（2）温泉度假酒店应按照四星级宾馆以上硬件配置进行规划，主要包括大堂、会议中心、中西餐厅、健身康体、标准客房等。温泉SPA可与酒店合设，也可独立设置。

（3）温泉度假别墅应包括联排（300 米²/栋）、双拼（450 米²/栋）和独栋（900 米²/栋）三种形式，三种形式的度假别墅栋数自定。

（4）后勤配套设施用房包括员工宿舍、餐厅、厨房，约2000 m²，办公室，洗衣房、大仓库、后勤用房等约5000 m²。

（5）建筑限高24 m，绿地率不小于40%，建筑密度不大于30%。

（6）度假酒店应设置专用地面停车场及地下停车场，后勤应配置专用停车场，度假别墅停车位入栋。

□规划成果要求

A1图幅，张数不限，表达方式不限。

（1）规划总平面图（1:1000）。

（2）规划结构，技术经济指标，规划设计说明和其他分析图。

（3）总体鸟瞰图。

附图1 灰汤镇镇区土地利用规划图

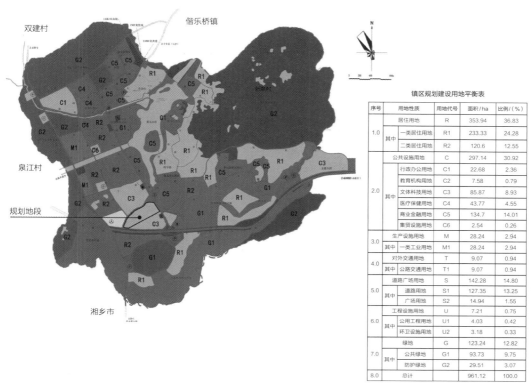

镇区规划建设用地平衡表

序号	用地性质		用地代号	面积/ha	比例/（%）
1.0	居住用地		R	353.94	36.83
	其中	一类居住用地	R1	233.33	24.28
		二类居住用地	R2	120.6	12.55
2.0	公共设施用地		C	297.14	30.92
	其中	行政办公用地	C1	22.68	2.36
		教育机构用地	C2	7.58	0.79
		文体科技用地	C3	85.87	8.93
		医疗保健用地	C4	43.77	4.55
		商业金融用地	C5	134.7	14.01
		集贸设施用地	C6	2.54	0.26
3.0	生产设施用地		M	28.24	2.94
	其中	一类工业用地	M1	28.24	2.94
4.0	对外交通用地		T	9.07	0.94
	其中	公路交通用地	T1	9.07	0.94
5.0	道路广场用地		S	142.28	14.80
	其中	道路用地	S1	127.35	13.25
		广场用地	S2	14.94	1.55
6.0	工程设施用地		U	7.21	0.75
	其中	公用工程用地	U1	4.03	0.42
		环卫设施用地	U2	3.18	0.33
7.0	绿地		G	123.24	12.82
	其中	公共绿地	G1	93.73	9.75
		防护绿地	G2	29.51	3.07
8.0	总计			961.12	100.0

附图2 用地现状图

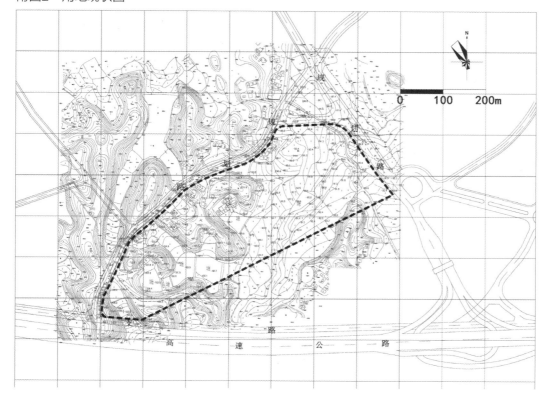

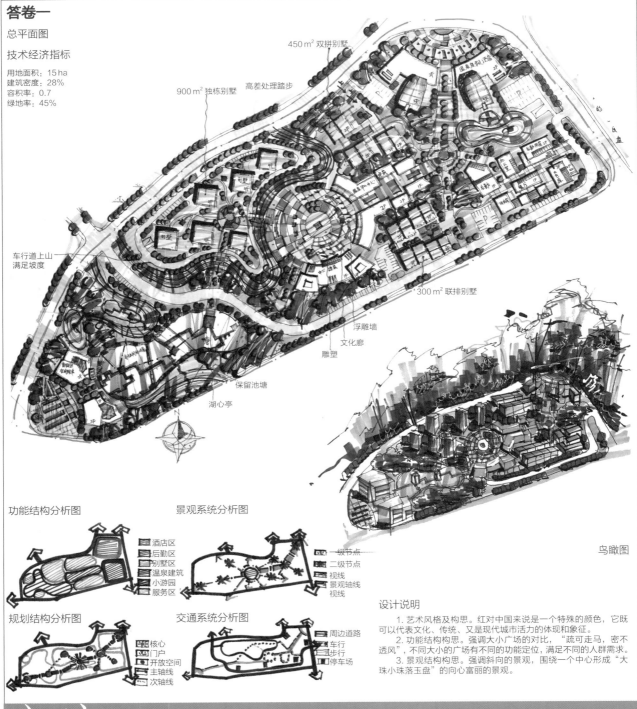

答卷一

总平面图

技术经济指标

用地面积：15 ha
建筑密度：28%
容积率：0.7
绿地率：45%

450 m² 双拼别墅

900 m² 独栋别墅　高差处理踏步

车行道上山
满足坡度

300 m² 联排别墅

浮雕墙

文化廊

雕塑

保留池塘

湖心亭

鸟瞰图

功能结构分析图

- 酒店区
- 后勤区
- 别墅区
- 温泉建筑
- 小游园
- 服务区

景观系统分析图

- 一级节点
- 二级节点
- 视线
- 景观轴线
- 视线

规划结构分析图

- 核心
- 门户
- 开放空间
- 主轴线
- 次轴线

交通系统分析图

- 周边道路
- 车行
- 步行
- 停车场

设计说明

1. 艺术风格及构思。红对中国来说是一个特殊的颜色，它既可以代表文化、传统、又是现代城市活力的体现和象征。
2. 功能结构构思。强调大小广场的对比，"疏可走马，密不透风"，不同大小的广场有不同的功能定位，满足不同的人群需求。
3. 景观结构构思。强调斜向的景观，围绕一个中心形成"大珠小珠落玉盘"的向心富丽的景观。

方案评析

　　就规划平面图而言方案构思新颖，布局灵活，层次清晰。较好地处理了园区入口与城市道路的关系，对不同功能的建筑组合方式和规模尺度有清晰的认知，同时对环境的设计和表达主次分明，形成了较好的空间整体意象。

　　图面饱满，效果较好，分析图表现清晰明确，鸟瞰图表达深度有待提高。

答卷二

设计说明

　　本规划设计从区位角度出发，定位为承担片区旅游服务的职能，兼具温泉疗养度假功能，设计结合地形和自然景观，将高级温泉度假别墅区经山体独立布置，既保证了私密性，同时具有丰富的视线景观，旅游服务区与温泉 SPA 中心布置于东侧平坦位置，创造宜人的休闲步行体验序列，自然与人工巧妙结合。

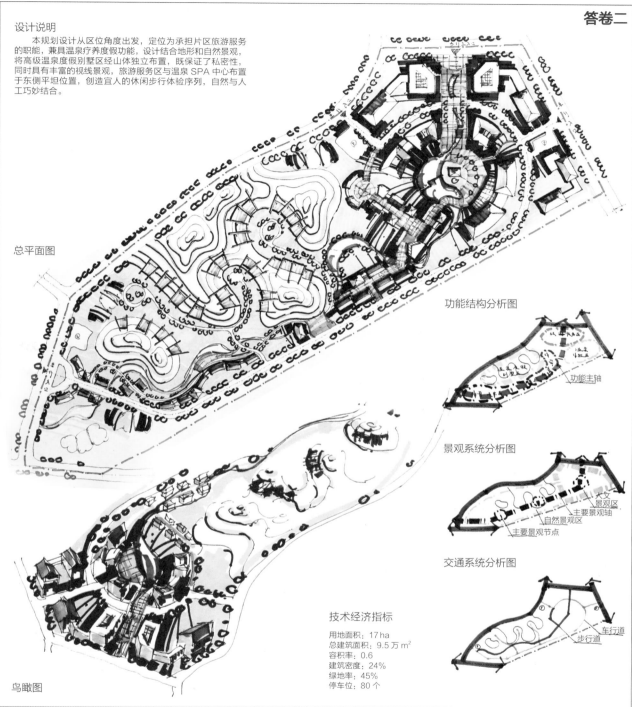

总平面图

功能结构分析图

功能主轴

景观系统分析图

人文景观区
主要景观轴
自然景观区
主要景观节点

交通系统分析图

车行道
步行道

鸟瞰图

技术经济指标

用地面积：17 ha
总建筑面积：9.5 万 m²
容积率：0.6
建筑密度：24%
绿地率：45%
停车位：80 个

　　方案结构清晰，分区明确。建筑顺应地形布置，区分了步行和车行体系，将公共部分和私密部分分开处理，提升了整体环境品质。但在空间形式上，两部分的空间形态关系较弱，度假别墅布局较为松散。

　　图面完整，效果较好，景观设计深度稍显欠缺。

方案评析

答卷三

细节分析

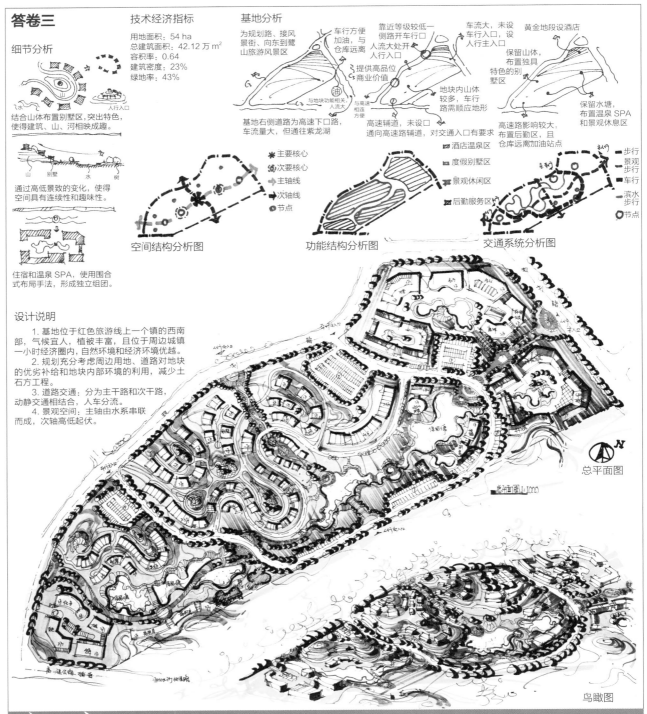

结合山体布置别墅区，突出特色，使得建筑、山、河相映成趣。

通过高低景致的变化，使得空间具有连续性和趣味性。

住宿和温泉 SPA，使用围合式布局手法，形成独立组团。

技术经济指标

用地面积：54 ha
总建筑面积：42.12 万 m²
容积率：0.64
建筑密度：23%
绿地率：43%

基地分析

为规划路、接风景街、向东到鳌山旅游风景区

车行方便加油，与仓库远离

提供高品位商业价值

基地右侧道路为高速下口路，车流量大，但通往紫龙湖

靠近等级较低一侧路开车行口，人流大处设人行入口

地块内山体较多，车行路需顺应地形

高速辅道，未设口，通向高速路辅道，对交通入口有要求

车流大，未设车行入口，设人行主入口

黄金地段设酒店

保留山体，布置独具特色的别墅区

保留水塘，布置温泉 SPA 和景观休息区

高速路影响较大，布置后勤区，且仓库远离加油站点

空间结构分析图

※ 主要核心
◎ 次要核心
➤ 主轴线
➡ 次轴线
● 节点

功能结构分析图

▨ 酒店温泉区
▨ 度假别墅区
▨ 景观休闲区
▨ 后勤服务区

交通系统分析图

━ 步行
━ 景观步行
━ 车行
┄ 滨水步行
◎ 节点

设计说明

1. 基地位于红色旅游线上一个镇的西南部，气候宜人，植被丰富，且位于周边城镇一小时经济圈内，自然环境和经济环境优越。

2. 规划充分考虑周边用地、道路对地块的优劣补给和地块内部环境的利用，减少土石方工程。

3. 道路交通：分为主干路和次干路，动静交通相结合，人车分流。

4. 景观空间：主轴由水系串联而成，次轴高低起伏。

总平面图

鸟瞰图

方案评析

方案结合基地现有生态条件，通过水系的联系组织步行交通和景观体系。将各个功能串联在重要的景观轴线上。但建筑形式多样，组合方式有待进一步推敲，从而与基底、道路、环境建立更舒适的关系。

图面颜色饱满，表达层次清晰，对基地的分析十分深入，体现了良好的设计思维方式。

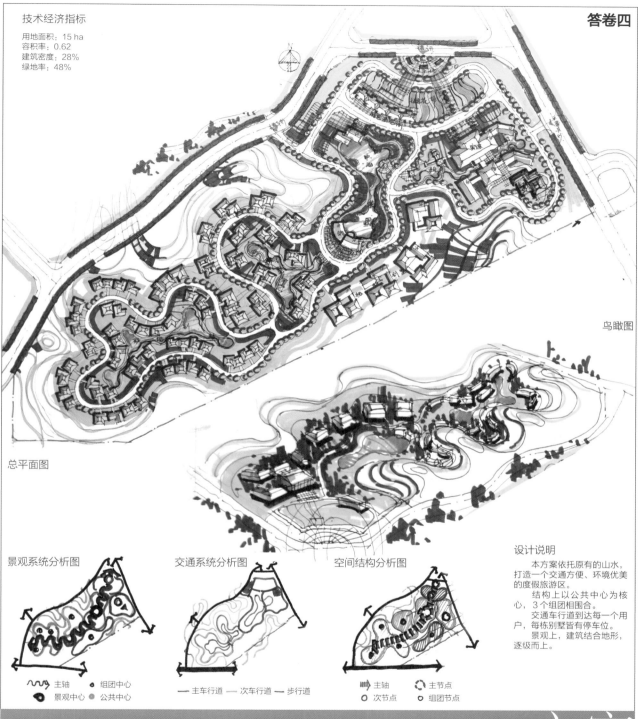

答卷四

技术经济指标

用地面积：15 ha
容积率：0.62
建筑密度：28%
绿地率：48%

总平面图

鸟瞰图

景观系统分析图

~~~ 主轴　　　● 组团中心
◉ 景观中心　　● 公共中心

交通系统分析图

—— 主车行道　　—— 次车行道　　—— 步行道

空间结构分析图

⫴⫴ 主轴　　　◔ 主节点
○ 次节点　　○ 组团节点

设计说明

　　本方案依托原有的山水，打造一个交通方便、环境优美的度假旅游区。
　　结构上以公共中心为核心，3个组团相围合。
　　交通车行道到达每一个用户，每栋别墅皆有停车位。
　　景观上，建筑结合地形，逐级而上。

　　方案结构清晰，分区明确。采用院落式布局手法，联系各功能单元，设计有张有弛、重点明确。利用组团式结构形成功能区块，并在每个组团中建立了中心景观，提升了整体区域的设计品质。同时公共区域和私密部分分开，保证各部分功能的有序进行。
　　图面清晰，颜色协调，层次分明地表达了设计方案。

方案
评析

06.02.02 城市中心区

城市中心区是规划快题考试最主要的类型，需要综合解决城市公共设施、道路交通、城市景观等一系列问题，能够全面考查考生的综合素质，适用于各种规划快题考试。本书选择不同类型的城市中心区快题进行评析。

1. 城市规划专业本科城市公共中心规划设计课程快题（8小时）

■宝鸡石鼓山文化公园配套商业服务区规划设计

石鼓山东片区位于宝鸡市中部、渭河南岸、石鼓山东侧（见附图）。石鼓山片区是宝鸡市联结新老城区、沟通渭河两岸的重要城市节点；是国家重要文物"十面石鼓"的出土地，是宝鸡市历史文化的文脉。地段以石鼓山为龙头，打造石鼓文化公园，引至国家级森林公园天台山入口，是宝鸡市振兴旅游文化产业项目的组成部分，是体现宝鸡市"山、水、塬、林、城"城市风貌特点的承载地之一。

□规划内容要求

（1）建筑退红线要求：渭滨大道道路红线宽度40 m，多层建筑退后道路红线不少于5 m，高层建筑退后道路红线不少于10 m。滨河道路红线宽度45.5 m，多层建筑退后道路红线不少于5 m。310国道道路红线宽度50 m，建筑退后道路红线不少于10 m。

（2）地块功能划分：A地块以餐饮娱乐产业为主，B地块、C地块以古玩、文化艺术产品市场为主。

（3）石鼓山相对高度约60 m，规划用地 A、B、C地块内，建筑高度应予适当控制，以低、多层建筑为宜。

□规划成果要求

（1）总平面图（1:2000或1:1000）。

（2）规划结构图。

（3）局部鸟瞰图或轴测图。

（4）其他必要的相关图纸。

（5）规划设计说明。

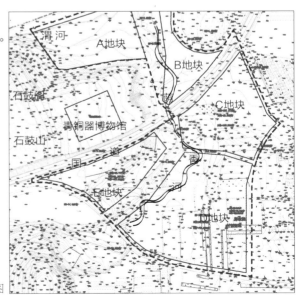

附图 规划用地范围示范图

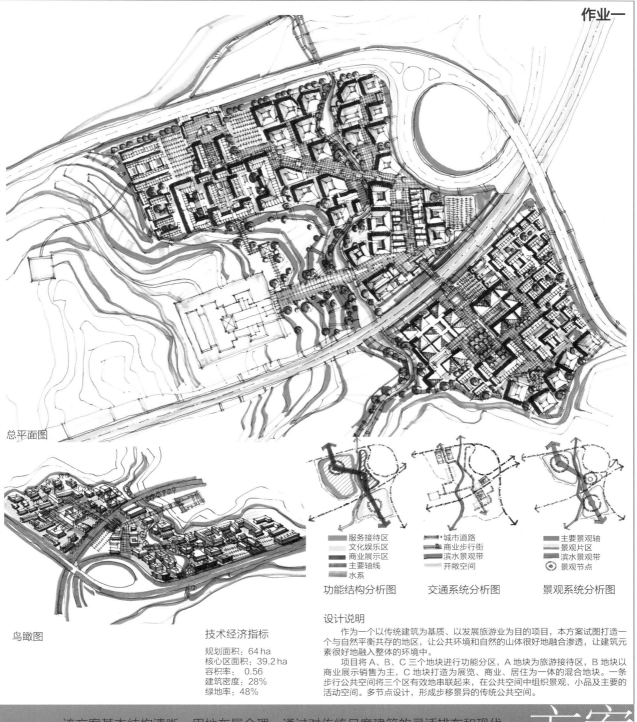

作业一

总平面图

鸟瞰图

功能结构分析图　交通系统分析图　景观系统分析图

服务接待区　　城市道路　　　主要景观轴
文化娱乐区　　商业步行街　　景观片区
商业展示区　　滨水景观带　　滨水景观带
主要轴线　　　开敞空间　　　景观节点
水系

技术经济指标

规划面积：64 ha
核心区面积：39.2 ha
容积率：　0.56
建筑密度：28%
绿地率：48%

设计说明

　　作为一个以传统建筑为基质、以发展旅游业为目的项目，本方案试图打造一个与自然平衡共存的地区，让公共环境和自然的山体很好地融合渗透，让建筑元素很好地融入整体的环境中。

　　项目将 A、B、C 三个地块进行功能分区，A 地块为旅游接待区，B 地块以商业展示销售为主，C 地块打造为展览、商业、居住为一体的混合地块。一条步行公共空间将三个区有效地串联起来，在公共空间中组织景观、小品及主要的活动空间。多节点设计，形成步移景异的传统公共空间。

　　该方案基本结构清晰，用地布局合理。通过对传统尺度建筑的灵活排布和现代演绎，形成具有传统风格的地段整体格局。充分挖掘地段自然景观的特征，形成主要的公共空间。国道东南侧地块建筑组织略显僵硬，其中停车场位置不当，总平面图标注不全。

　　图面表达完整，但鸟瞰图表达缺乏重点，总平面图过于强调形式感。

方案评析

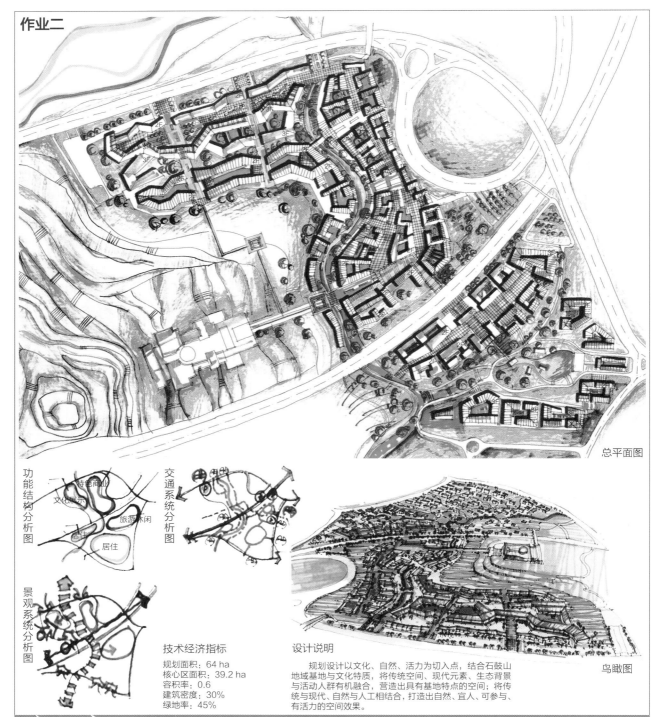

作业二

2F
3F
3F
2F
2F
2F
2F

总平面图

功能结构分析图

特色商业
文化展示
旅游休闲
邻里
居住
居住

交通系统分析图

景观系统分析图

鸟瞰图

技术经济指标

规划面积：64 ha
核心区面积：39.2 ha
容积率：0.6
建筑密度：30%
绿地率：45%

设计说明

　　规划设计以文化、自然、活力为切入点，结合石鼓山地域基地与文化特质，将传统空间、现代元素、生态背景与活动人群有机融合，营造出具有基地特点的空间；将传统与现代、自然与人工相结合，打造出自然、宜人、可参与、有活力的空间效果。

方案评析

　　该方案对题意理解准确，从建筑、环境、景观三个方面对空间加以提取、抽象和演绎，在既有传统文化的基础上，以生态为导向，把原有传统民居的肌理、形态与新建筑空间结合，强调自然生长的概念。不足之处在于展示区建筑尺度和体量偏大，忽略流线引导，总平面图标注不全等。

　　图面表达清晰干练，体现了良好的专业素养。

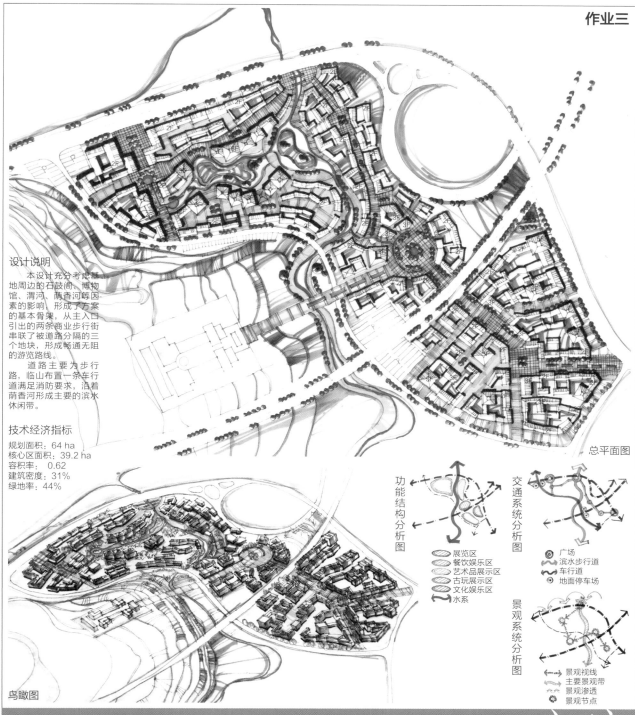

作业三

设计说明

　　本设计充分考虑基地周边的石鼓阁、博物馆、渭河、荫香河等因素的影响，形成了方案的基本骨架，从主入口引出的两条商业步行街串联了被道路分隔的三个地块，形成畅通无阻的游览路线。

　　道路主要为步行路，临山布置一条车行道满足消防要求，沿着荫香河形成主要的滨水休闲带。

技术经济指标

规划面积：64 ha
核心区面积：39.2 ha
容积率：0.62
建筑密度：31%
绿地率：44%

总平面图

鸟瞰图

功能结构分析图

⬭ 展览区
⬭ 餐饮娱乐区
⬭ 艺术品展示区
⬭ 古玩展示区
1F 文化娱乐区
➤ 水系

交通系统分析图

◎ 广场
〰 滨水步行道
➤ 车行道
⊙ 地面停车场

景观系统分析图

⟵⟶ 景观视线
〰 主要景观带
⟿ 景观渗透
◎ 景观节点

　　该方案能充分理解题意，最大限度地尊重地方文化和空间特色，努力挖掘基地环境潜力。充分利用原有河道，创造具有传统文化特色的现代商业配套服务区。各项开发内容和规模适当，但中部两个广场的形态反差过大，包括广场和周边通道的关系处理都略显生硬。

　　构图丰满，深度适宜，但铺地颜色过于抢眼。

方案评析

2. 城市规划专业本科城市公共中心规划设计课程快题（8小时）

■西安高新区木塔寺地段城市设计

规划地段位于西安高新区唐延路东、科技六路和科技八路之间，占地规模约32 ha。基地内现留存唐木塔寺遗址。本基地东侧紧邻新建高层居住小区和木塔寺遗址公园，西南侧为西安奥体中心和高新区管委会（见附图）。

□ 规划内容要求

（1）将片区打造为集合商业、商务办公、娱乐、餐饮、酒店及公寓等功能于一体的综合性公共中心。规划容积率不小于3.0，绿地率大于30%，各功能建筑比重不作硬性规定。

（2）规划需考虑在规划设计中体现西安高新开发区的特征；凸显高新区的文化内涵和区位优势，构建合理的功能和空间；实现与相邻区域的联动，进一步塑造和深化西安高新开发区的城市形象。

□ 规划成果要求

（1）总平面图（1:2000或1:1000）。

（2）规划结构图。

（3）局部鸟瞰图或轴测图。

（4）其他必要的相关图纸。

（5）规划设计说明。

附图 规划用地范围示意图

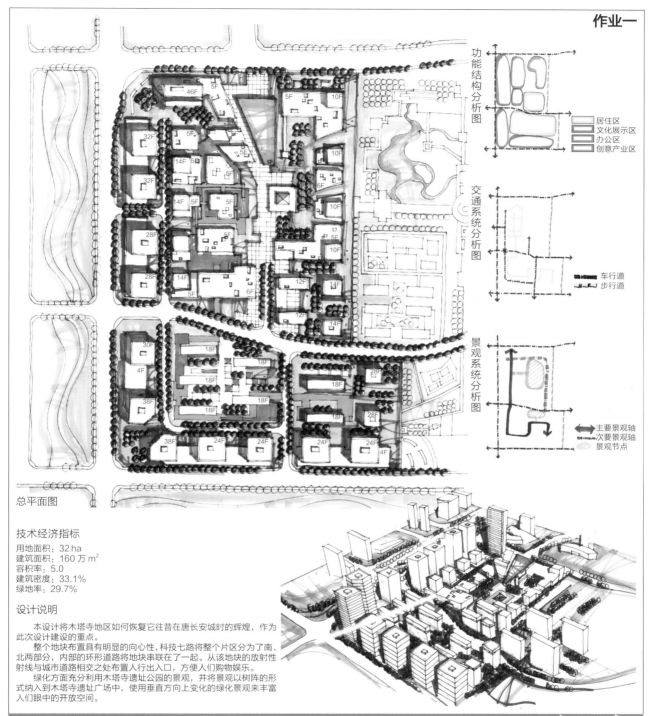

作业一

功能结构分析图

居住区
文化展示区
办公区
创意产业区

交通系统分析图

车行道
步行道

景观系统分析图

主要景观轴
次要景观轴
景观节点

总平面图

技术经济指标

用地面积：32 ha
建筑面积：160 万 m²
容积率：5.0
建筑密度：33.1%
绿地率：29.7%

设计说明

　　本设计将木塔寺地区如何恢复它往昔在唐长安城时的辉煌，作为此次设计建设的重点。
　　整个地块布置具有明显的向心性，科技七路将整个片区分为了南、北两部分，内部的环形道路将该地块串联在了一起。从该地块的放射性射线与城市道路相交之处布置人行出入口，方便人们购物娱乐。
　　绿化方面充分利用木塔寺遗址公园的景观，并将景观以树阵的形式纳入到木塔寺遗址广场中，使用垂直方向上变化的绿化景观来丰富人们眼中的开放空间。

方案评析

　　方案结构完整，整体构架清晰，采用步行街的形式串起整个地块，增加行人"逛"的趣味性，适当加入创意产业功能，丰富业态构成，同时沿街设置外向型的商业办公和内向型的居住，布置得当，造型活泼。不足之处在于南片区划分显得过于零碎，居住组团较为孤立。
　　图面表现到位，用色新颖，较好地传达了设计意图，分析图略显单薄。

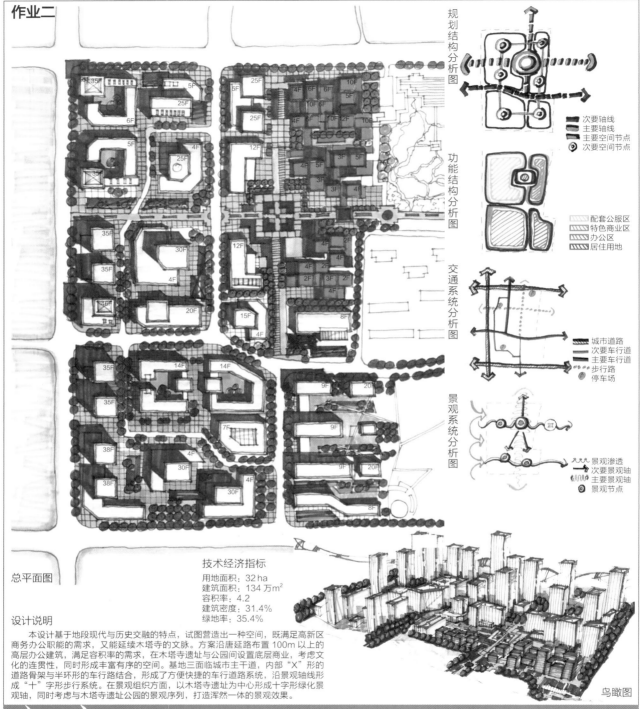

作业二

规划结构分析图

■■ 次要轴线
■■ 主要轴线
■■ 主要空间节点
◎ 次要空间节点

功能结构分析图

▨ 配套公服区
▨ 特色商业区
▨ 办公区
▨ 居住用地

交通系统分析图

■■ 城市道路
■■ 次要车行道
■■ 主要车行道
步行路
◎ 停车场

景观系统分析图

景观渗透
→ 次要景观轴
主要景观轴
◎ 景观节点

总平面图

技术经济指标

用地面积：32 ha
建筑面积：134 万 m^2
容积率：4.2
建筑密度：31.4%
绿地率：35.4%

鸟瞰图

设计说明

　　本设计基于地段现代与历史交融的特点，试图营造出一种空间，既满足高新区商务办公职能的需求，又能延续木塔寺的文脉。方案沿唐延路布置 100m 以上的高层办公建筑，满足容积率的需求，在木塔寺遗址与公园间设置底层商业，考虑文化的连贯性，同时形成丰富有序的空间。基地三面临城市主干道，内部"X"形的道路骨架与半环形的车行路结合，形成了方便快捷的车行道路系统，沿景观轴线形成"十"字形步行系统。在景观组织方面，以木塔寺遗址为中心形成十字形绿化景观轴，同时考虑与木塔寺遗址公园的景观序列，打造浑然一体的景观效果。

方案评析

　　方案规划结构清晰，布局完整，特色之处为紧邻木塔寺公园布置的红色块状模块，这种形式语言有利于平面的灵活组合和多变造型，也为地块注入全新的活力。但其他部分处理略显平庸，缺乏有机的功能联系，个别建筑尺度失准。
图面紧凑，效果生动，鸟瞰图视角选择恰当。

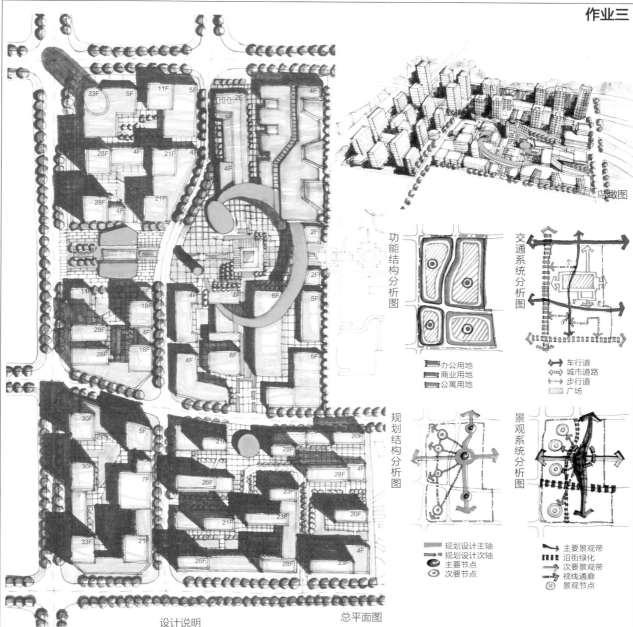

作业三

鸟瞰图

功能结构分析图

■ 办公用地
■ 商业用地
■ 公寓用地

交通系统分析图

⇄ 车行道
⇅ 城市道路
⇠⇢ 步行道
▨ 广场

规划结构分析图

■ 规划设计主轴
▨ 规划设计次轴
◉ 主要节点
◉ 次要节点

景观系统分析图

■ 主要景观带
▮▮▮ 沿街绿化
➜ 次要景观带
➜ 视线通廊
◉ 景观节点

总平面图

设计说明

技术经济指标

用地面积：32 ha
建筑面积：169 万 m²
建筑密度：40%
容积率：5.3
绿化率：48%

基地位于西安市高新区唐延路景观轴和南三环发展轴的交点附近，未来周边将有唐遗址和唐文化的大面积的复兴。方案以零售商业、文化娱乐、服务性办公为主，兼具金融业、酒店、公寓式住宅的城市综合体，以唐遗址文化为特色，着力打造集历史与现代气息于一体的区域级的商业中心。

两条车行道路将规划地块分为四部分，靠近木塔寺公园的地块为商业性质用地，建筑以多层为主，沿唐延路绿带布置高层为主的星级酒店、商务办公及公寓式住宅。

由木塔寺公园引入的东西向轴线和以木塔寺基址作为原点打造的南北向轴线作为整个地块的主体骨架。木塔寺基址作为整个地块内的核心节点、门户空间节点及各组团节点呼应主体结构。

方案规划结构完整，用地布局合理，建筑尺度适宜，通过半环形高架步道强调入口空间，形成良好的视觉通廊和景观序列，合理组织商业、娱乐、办公、游憩、居住等要素。但遗憾的是各单体建筑布置比较零散，形态单调，缺乏对城市界面的整体性考虑。

构图丰满，深度适宜，建筑用色略显浓重，表达技法有待提高。

方案评析

3. 城市规划与设计硕士研究生规划设计与创作课程快题（6小时）

■泰安市京沪高铁站场地段城市设计

随着城市现代化服务功能的不断强化和人们出行、生活方式的改变，城市交通枢纽地段突破以往单一的功能与布局模式，逐渐向综合型、集约化方向发展。泰安是我国重要的历史文化名城，城市建设区位于泰山南麓，呈东西向展开。拟建京沪高铁泰安站位于泰安城市西侧的城市新区。规划地段围绕泰安站前广场，占地约30 ha。基地北眺泰山，西与金牛山隔站场相望，贯穿地段的灵山大街是泰安城东西方向的主要景观大道（见附图1、附图2）。

□规划内容要求

拟打造融旅游集散中心、商务办公、商业娱乐、生活居住等多功能于一体、以生态为导向、独具特色的交通枢纽型片区。

（1）旅客集散中心：作为高铁片区，如何完成人流疏散和疏导，给初来泰安的旅行者展现怎样的"泰安印象"，面积约为1万m^2。

（2）商务办公：规划控制面积在10万~15万m^2，容积率为4。

（3）商业娱乐：高铁配套商业、周边居民服务设施、大型商业综合体。面积控制在10万m^2左右，考虑到规划地段在城市中的位置，设置一个四星级宾馆，面积为1万m^2。

（4）居住：包括公寓式酒店、SOHO办公、居住小区多种类型，容积率控制在3左右。

□规划成果要求

（1）总平面图（1:2000）。

（2）规划结构图。

（3）局部鸟瞰图（或轴测图）。

（4）其他必要的相关图纸。

（5）说明规划意图的简要文字。

附图1 区位图

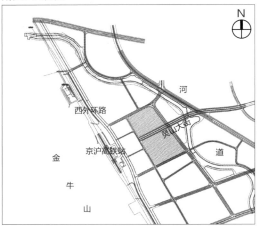

附图2 用地现状图

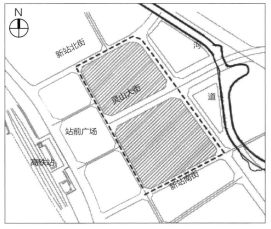

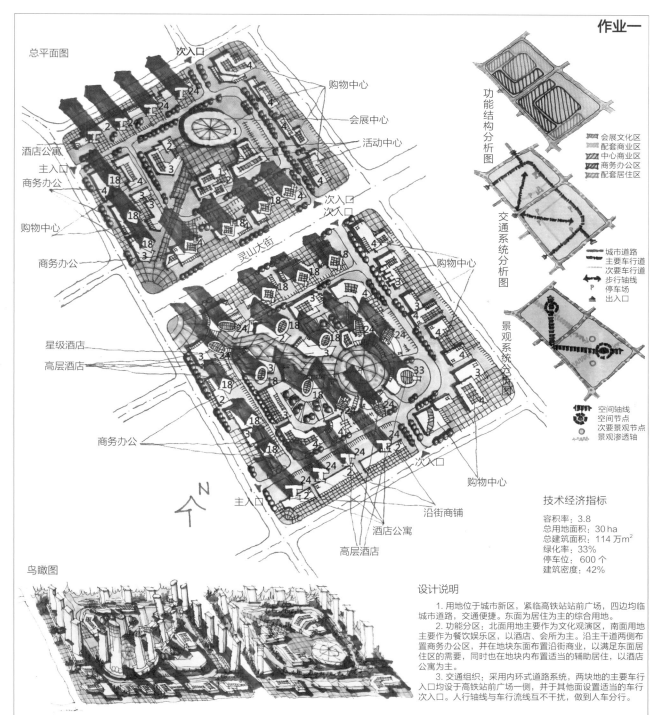

作业一

总平面图

次入口

购物中心

会展中心

活动中心

酒店公寓
主入口
商务办公

购物中心

商务办公

灵山大街

次入口
次入口

购物中心

星级酒店

高层酒店

商务办公

购物中心

主入口

沿街商铺

酒店公寓

高层酒店

鸟瞰图

功能结构分析图

- 会展文化区
- 配套商业区
- 中心商业区
- 商务办公区
- 配套居住区

交通系统分析图

- 城市道路
- 主要车行道
- 次要车行道
- 步行轴线
- P 停车场
- 出入口

景观系统分析图

- 空间轴线
- 空间节点
- 次要景观节点
- 景观渗透轴

技术经济指标

容积率：3.8
总用地面积：30 ha
总建筑面积：114 万m²
绿化率：33%
停车位：600 个
建筑密度：42%

设计说明

1. 用地位于城市新区，紧临高铁站站前广场，四边均临城市道路，交通便捷。东面为居住为主的综合用地。

2. 功能分区：北面用地主要作为文化观演区，南面用地主要作为餐饮娱乐区，以酒店、会所为主。沿主干道两侧布置商务办公区，并在地块东面布置沿街商业，以满足东面居住区的需要，同时也在地块内布置适当的辅助居住，以酒店公寓为主。

3. 交通组织：采用内环式道路系统，两块地的主要车行入口均设于高铁站前广场一侧，并并其他面设置适当的车行次入口。人行轴线与车行流线互不干扰，做到人车分行。

方案结构清晰，层次分明。设置两条放射式步行轴线能够快速疏散高铁广场人流，围绕两个核心广场组织空间，形成了良好的商业氛围。但方案的缺点是建筑体量偏小，尤其是高层建筑；商业片区的面积比例过高，位置远离站前广场；地段主要道路开口位置不当。

图面构图完整，线条自然流畅。但分析图的绘制比较平淡，鸟瞰图视点选择不佳，重点区域刻画不到位。

方案评析

作业二

总平面图

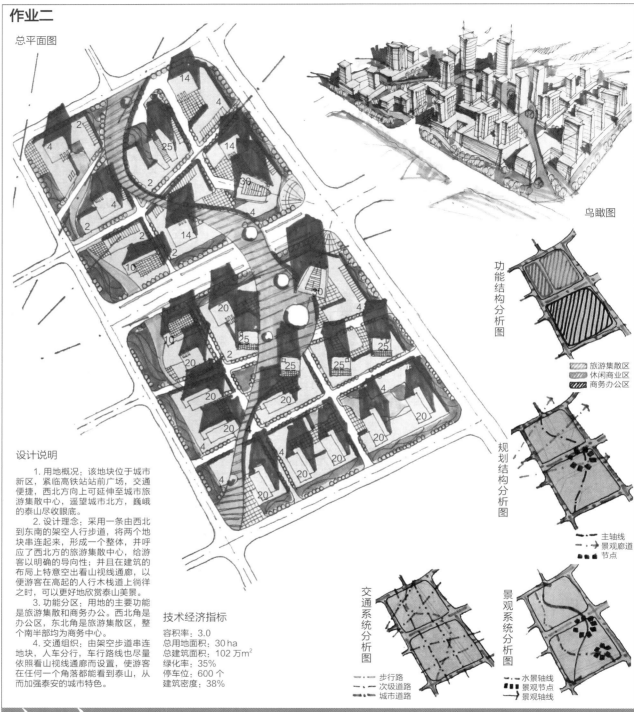

鸟瞰图

功能结构分析图

▨ 旅游集散区
▨ 休闲商业区
▨ 商务办公区

规划结构分析图

- 主轴线
- 景观廊道
▪ 节点

交通系统分析图

- 步行路
- 次级道路
- 城市道路

景观系统分析图

- 水景轴线
▪ 景观节点
→ 景观轴线

设计说明

1. 用地概况：该地块位于城市新区，紧临高铁站前广场，交通便捷，西北方向上可延伸至城市旅游集散中心，遥望城市北方，巍峨的泰山尽收眼底。

2. 设计理念：采用一条由西北到东南的架空人行步道，将两个地块串连起来，形成一个整体，并呼应了西北方的旅游集散中心，给游客以明确的导向性；并且在建筑的布局上特意空出看山视线通廊，以便游客在高起的人行木栈道上徜徉之时，可以更好地欣赏泰山美景。

3. 功能分区：用地的主要功能是旅游集散和商务办公。西北角是办公区，东北角是旅游集散区，整个南半部均为商务中心。

4. 交通组织：由架空步道串连地块，人车分行，车行路线也尽量依照看山视线通廊而设置，使游客在任何一个角落都能看到泰山，从而加强泰安的城市特色。

技术经济指标

容积率：3.0
总用地面积：30 ha
总建筑面积：102 万m²
绿化率：35%
停车位：600 个
建筑密度：38%

方案评析

方案功能分区合理，通过一条架空步行带将南、北两块基地联系在一起，避免了人行穿越，但过于强调其形式，合理性有待推敲。建筑裙房尺度普遍偏大，景观组织简单，没有考虑和站前广场相呼应，缺乏整体连续感。

画图层次感好，徒手线条流畅洒脱。用色鲜明，效果生动。鸟瞰图视点合适，表达充分。

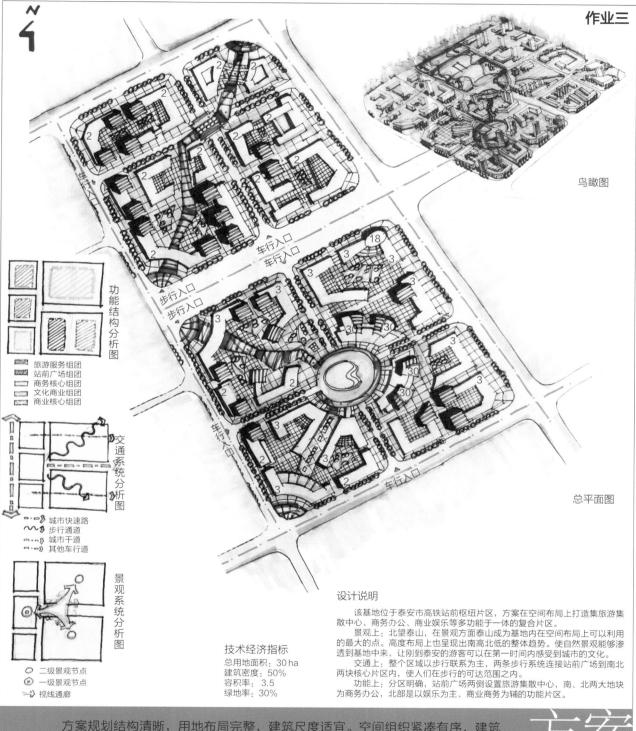

作业三

鸟瞰图

总平面图

功能结构分析图

▨ 旅游服务组团
▨ 站前广场组团
▨ 商务核心组团
▨ 文化商业组团
▨ 商业核心组团

交通系统分析图

⤳ 城市快速路
⤳ 步行通道
⤳ 城市干道
⤳ 其他车行道

景观系统分析图

○ 二级景观节点
◉ 一级景观节点
⇒ 视线通廊

技术经济指标
总用地面积：30 ha
建筑密度：50%
容积率：3.5
绿地率：30%

设计说明

　　该基地位于泰安市高铁站前枢纽片区，方案在空间布局上打造集旅游集散中心、商务办公、商业娱乐等多功能于一体的复合片区。

　　景观上：北望泰山，在景观方面泰山成为基地内在空间布局上可以利用的最大的点。高度布局上也呈现出南高北低的整体趋势。使自然景观能够渗透到基地中来，让刚到泰安的游客可以在第一时间内感受到城市的文化。

　　交通上：整个区域以步行联系为主，两条步行系统连接站前广场到南北两块核心片区内，使人们在步行的可达范围之内。

　　功能上：分区明确，站前广场两侧设置旅游集散中心，南、北两大地块为商务办公，北部是以娱乐为主、商业商务为辅的功能片区。

　　方案规划结构清晰，用地布局完整，建筑尺度适宜。空间组织紧凑有序，建筑形态简洁大气，形成了完整而连续的城市界面。但方案的容积率过低，商业量比例偏高，没有达到任务书的要求，需进一步推敲；主要道路穿越地段，设置不当。

　　排版均衡紧凑，用色协调清爽。鸟瞰图视域选择太大，细节刻画不到位，分析图绘制潦草。

方案评析

4．城市规划与设计硕士研究生入学考试试题（6小时）

■北方某大城市新区——中心片区规划

城市新区位于城市产业园区（高新技术产业为主）与高速铁路车站之间，东部与南部有河流通过，片区有干道通向现状市级中心（见附图）。新区建设应该适应城市社会经济的快速发展，起到进一步提升城市综合品质的作用。

□规划内容要求

（1）总体用地布局：在规划范围内进行总体用地功能布局，主要内容包括商业、文化娱乐、商务办公、居住、公共绿地等用地功能，设计者还应根据用地自身条件和周边环境信息增加其他相关内容，其中居住用地不少于150 ha，绿化用地不少于50 ha，各功能区具体用地面积由设计者根据相关信息自定。

注：规划范围内南北向道路红线宽60 m，两条东西向道路红线宽均为40 m。

（2）局部地段详细规划：对规划区局部地段进行详细规划设计，地段位置及其内部建筑面积由设计者自定，具体功能应包括商业、商务办公、文化娱乐、绿地等公共设施，地段面积为15~20 ha。

□规划成果要求

（1）总体用地布局：用地功能布局图（1:10000，用色彩或黑白图例表达）、各类用地面积统计、简要说明及分析图。

（2）局部地段详细规划：规划总平面图（1:1000）、重要区域鸟瞰图、主要街景立面图（比例自定）、相关技术指标、简要说明、必要分析图等。

（3）所有图纸及文字成果均应在1号图纸上完成，张数不限。

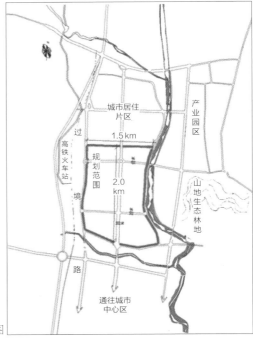

附图 规划用地范围示意图

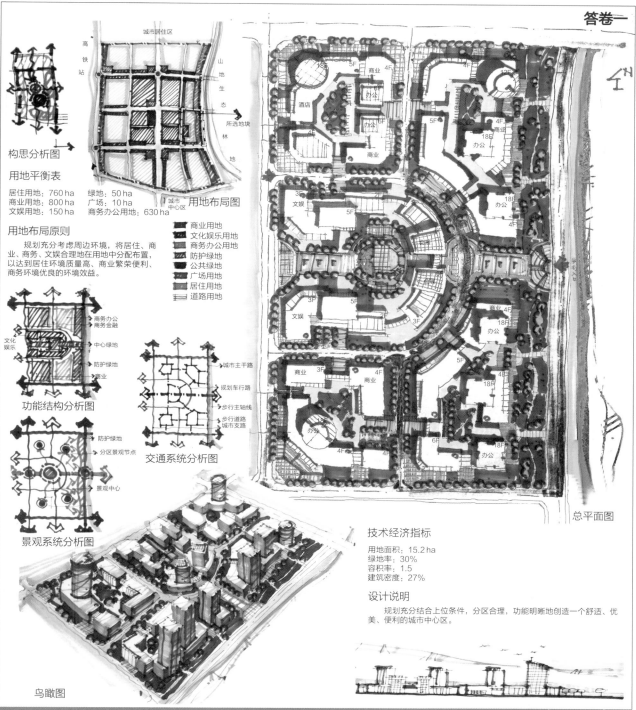

答卷一

构思分析图

用地平衡表

居住用地：760 ha 绿地：50 ha
商业用地：800 ha 广场：10 ha
文娱用地：150 ha 商务办公用地：630 ha

用地布局图

用地布局原则

规划充分考虑周边环境，将居住、商业、商务、文娱合理地在用地中分配布置，以达到居住环境质量高、商业繁荣便利、商务环境优良的环境效益。

- 商业用地
- 文化娱乐用地
- 商务办公用地
- 防护绿地
- 公共绿地
- 广场用地
- 居住用地
- 道路用地

功能结构分析图

交通系统分析图

城市主干路
规划车行路
步行主轴线
步行道路城市支路

景观系统分析图

防护绿地
分区景观节点
景观中心

鸟瞰图

总平面图

技术经济指标

用地面积：15.2 ha
绿地率：30%
容积率：1.5
建筑密度：27%

设计说明

规划充分结合上位条件，分区合理，功能明晰地创造一个舒适、优美、便利的城市中心区。

方案总体规划布局合理，选取的局部地段规划结构清晰、分区明确、尺度适宜，利用中轴对称的方式组织各功能区，空间紧凑有序，形态简洁大气，形成完整的城市界面。但商业办公的组织都偏内向性，缺乏与相邻地块的多向对话。

图面表达上乘，线条洒脱，用色协调，刻画生动，由此看得出作者良好的表达功底和专业素养。

方案评析

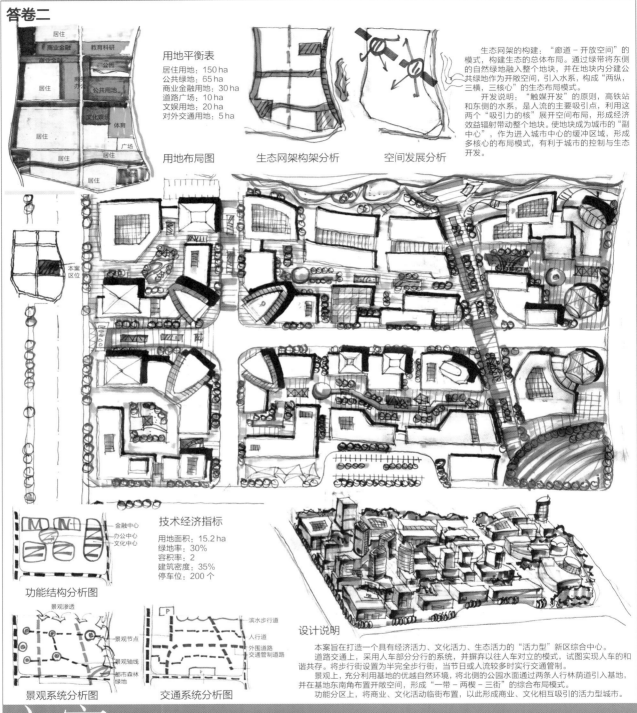

答卷二

用地平衡表

居住用地：150 ha
公共绿地：65 ha
商业金融用地：30 ha
道路广场：10 ha
文娱用地：20 ha
对外交通用地：5 ha

用地布局图

生态网架构架分析

空间发展分析

生态网架的构建："廊道–开放空间"的模式，构建生态的总体布局。通过绿带将东侧的自然绿地融入整个地块，并在地块内分建公共绿地作为开敞空间，引入水系，构成"两纵，三横，三核心"的生态布局模式。

开发说明："触媒开发"的原则，高铁站和东侧的水系，是人流的主要吸引点，利用这两个"吸引力的核"展开空间布局，形成经济效益辐射带动整个地块。使地块成为城市的"副中心"，作为进入城市中心的缓冲区域，形成多核心的布局模式，有利于城市的控制与生态开发。

本案区位

技术经济指标

用地面积：15.2 ha
绿地率：30%
容积率：2
建筑密度：35%
停车位：200 个

金融中心
办公中心
文化中心

功能结构分析图

景观渗透
景观节点
景观轴线
都市森林绿地

景观系统分析图

滨水步行道
人行道
外围道路
交通管制道路

交通系统分析图

设计说明

本案旨在打造一个具有经济活力、文化活力、生态活力的"活力型"新区综合中心。

道路交通上，采用人车部分分行的系统，并摒弃以往人车对立的模式，试图实现人车的和谐共存。将步行街设置为半完全步行街，当节日或人流较多时实行交通管制。

景观上，充分利用基地的优越自然环境，将北侧的公园水面通过两条人行林荫道引入基地，并在基地东南角布置开敞空间，形成"一带–两楔–三街"的综合布局模式。

功能分区上，将商业、文化活动临街布置，以此形成商业、文化相互吸引的活力型城市。

方案评析

方案总体规划较合理，局部地块规划设计建筑尺度适宜，利用道路交叉口四个标志性高层建筑为原点，合理组织各方向的商业街区，空间富于变化，但有几点不足之处：商业开发量过大，地段功能较单一；街区内道路尺度失常，特别是过街步行道的设置缺乏充分理由；对沿街步行道退让及街区主次入口的设计欠缺考虑。

图面表达整体较好，颜色素雅，重点明确。

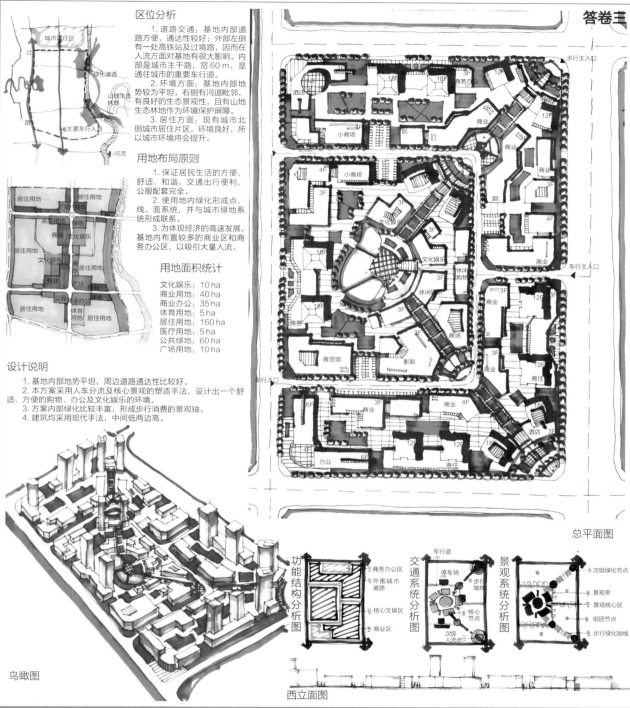

区位分析

1. 道路交通：基地内部道路方便，通达性较好；外部左侧有一处高铁站及过境路，因而在人流方面对基地有很大影响。内部是城市主干路，宽60m，是通往城市的重要车行道。

2. 环境方面：基地内部地势较为平坦，右侧有河道毗邻，有良好的生态景观性，且有山地生态林地作为环境保护屏障。

3. 居住方面：现有城市北侧城市居住片区，环境良好，所以城市环境将会提升。

用地布局原则

1. 保证居民生活的方便、舒适、和谐，交通出行便利，公服配套完全。

2. 使用地内绿化形成点、线、面系统，并与城市绿地系统形成联系。

3. 为体现经济的高速发展，基地内布置较多的商业区和商务办公区，以吸引大量人流。

用地面积统计

文化娱乐：10 ha
商业用地：40 ha
商业办公：35 ha
体育用地：5 ha
居住用地：160 ha
医疗用地：5 ha
公共绿地：60 ha
广场用地：10 ha

设计说明

1. 基地内部地势平坦，周边道路通达性比较好。

2. 本方案采用人车分流及核心景观的塑造手法，设计出一个舒适、方便的购物、办公及文化娱乐的环境。

3. 方案内部绿化比较丰富，形成步行消费的景观轴。

4. 建筑均采用现代手法，中间低两边高。

答卷三

总平面图

功能结构分析图

交通系统分析图

景观系统分析图

鸟瞰图

西立面图

方案评析

方案总体规划较合理，局部地段设计达到任务书要求，结构清晰，采用人车分流的方式组织交通，利用两条斜向步行轴线贯穿整个地块，并结合半环状道路连接各功能区，交通便捷。但不足之处在于地块内部建筑布置过于零散，缺乏整体形态的考量，同时斜向轴线形式感过强，且设置理由不充分。

排版均衡紧凑，表达充分，用色协调，表现出考生娴熟的绘图技巧。

5. 城市规划与设计硕士研究生快题周设计（一周）

■西安高新区CBD核心区修建性详细规划

项目位于西安高新技术产业开发区CBD建设的核心区域，基地将建构一个具有国际领先水平的办公、研发、教育、博览、居住、娱乐、休憩等多种功能及设施的超大型复合性的总部基地。北起锦业路，南至南三环辅道，西靠丈八二路，东临丈八一路。锦业一路将基地分为了南北两个部分。占地面积约260亩（1亩≈666.667 m^2）。

沿锦业路将设置城市快速公交（BRT），未来的地铁站将设置在基地东北方向。基地现状是东北侧地块为高新开发区管委会（城市之门）；东侧是绿地比克会展中心；西侧现状是软件园起步区，未来将建成一条商业步行街；西北面地块将建设居住区及商业中心（见附图）。

□规划内容要求

主要功能包括：办公、商业、娱乐、公寓。

容积率为6，建筑密度不大于45%，绿地率不小于30%。

出入口与停车：车行出入口设置于丈八二路、丈八一路、锦业一路；锦业路、南三环辅道设置步行出入口。停车比例：0.01 个/米^2。

以交通便捷、高效为原则进行地块划分。

拟在地块中建设一栋260 m的高层作为该区域的标志，其余写字楼高度可根据开发强度、空间效果来确定。

锦业一路南、北两地块整体考虑，注意与周边地块关系。

考虑地块西侧步行商业街与基地商业的关系。

考虑各期开发之间的关系。

□规划成果要求

（1）总体用地布局：用地功能布局图（1:10 000，用色彩或黑白图例表达）、各类用地面积统计、简要说明及分析图。

（2）局部地段详细规划：规划总平面图（1:1000）、重要区域鸟瞰图、主要街景立面图（比例自定）、相关技术指标、简要说明、必要分析图等。

（3）所有图纸及文字成果均应在1号图纸上完成，张数不限。

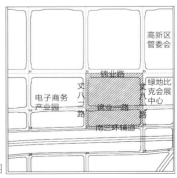

附图　规划用地范围示意图

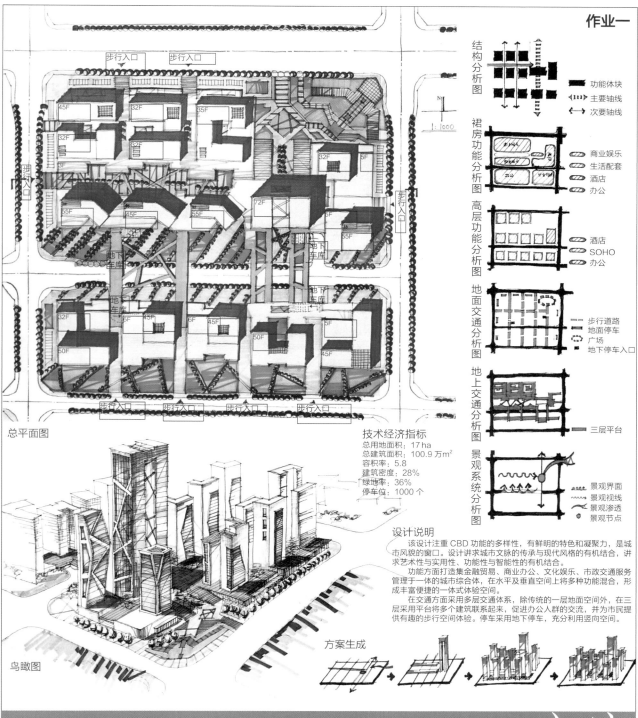

作业一

结构分析图
- ▬ 功能体块
- ◁|||▷ 主要轴线
- ◁—▷ 次要轴线

裙房功能分析图
- ▭ 商业娱乐
- ▭ 生活配套
- ▭ 酒店
- ▭ 办公

高层功能分析图
- ▭ 酒店
- ▭ SOHO
- ▭ 办公

地面交通分析图
- ┄ 步行道路
- ⬭ 地面停车
- ▭ 广场
- ▭ 地下停车入口

地上交通分析图
- ▬ 三层平台

景观系统分析图
- ∿ 景观界面
- ∿ 景观视线
- ◠ 景观渗透
- ● 景观节点

总平面图

鸟瞰图

方案生成

技术经济指标
总用地面积：17 ha
总建筑面积：100.9 万m²
容积率：5.8
建筑密度：28%
绿地率：36%
停车位：1000 个

设计说明

该设计注重 CBD 功能的多样性，有鲜明的特色和凝聚力，是城市风貌的窗口。设计讲求城市文脉的传承与现代风格的有机结合，讲求艺术性与实用性、功能性与智能性的有机结合。

功能方面打造集金融贸易、商业办公、文化娱乐、市政交通服务管理于一体的城市综合体，在水平与垂直空间上将多种功能混合，形成丰富便捷的一体式体验空间。

在交通方面采用多层交通体系，除传统的一层地面空间外，在三层采用平台将多个建筑联系起来，促进办公人群的交流，并为市民提供有趣的步行空间体验。停车采用地下停车，充分利用竖向空间。

方案结构合理，整体构架清晰，对场地条件应答性较强，结合基地条件合理安排地块功能，并利用天桥的方式将南、北地块有机地联系在一起，建筑形式语言适宜。但遗憾的是天桥尺度失准，且设置过密。

图面表达上乘，线条流畅，效果生动。

方案评析

作业二

空间功能分析图

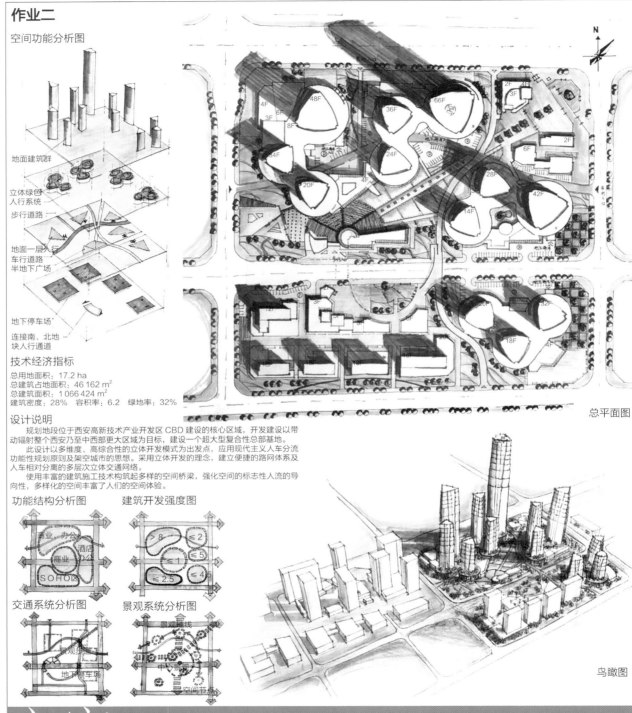

地面建筑群

立体绿色
人行系统

步行道路

地面一层人行
车行道路
半地下广场

地下停车场

连接南、北地
块人行通道

技术经济指标

总用地面积: 17.2 ha
总建筑占地面积: 46 162 m²
总建筑面积: 1 066 424 m²
建筑密度: 28%　容积率: 6.2　绿地率: 32%

设计说明

　　规划地段位于西安高新技术产业开发区CBD建设的核心区域,开发建设以带动辐射整个西安乃至中西部更大区域为目标,建设一个超大型复合性总部基地。

　　此设计以多维度、高综合性的立体开发模式为出发点,应用现代主义人车分流功能性规划原则及架空城市的思想。采用立体开发的理念,建立便捷的路网体系及人车相对分离的多层次立体交通网络。

　　使用丰富的建筑施工技术构筑起多样的空间桥梁,强化空间的标志性人流的导向性,多样化的空间丰富了人们的空间体验。

功能结构分析图　　建筑开发强度图

交通系统分析图　　景观系统分析图

总平面图

鸟瞰图

方案评析

　　方案功能布局合理,尺度适宜,建筑形式语言轻松有效,可以体现出设计者良好的专业功底和场地控制力,但不足之处在于与周围地块的联系考虑较少,核心空间不突出,SOHO区设计语言不协调。

　　图面生动而富有动感,分析图的绘制是一大亮点。

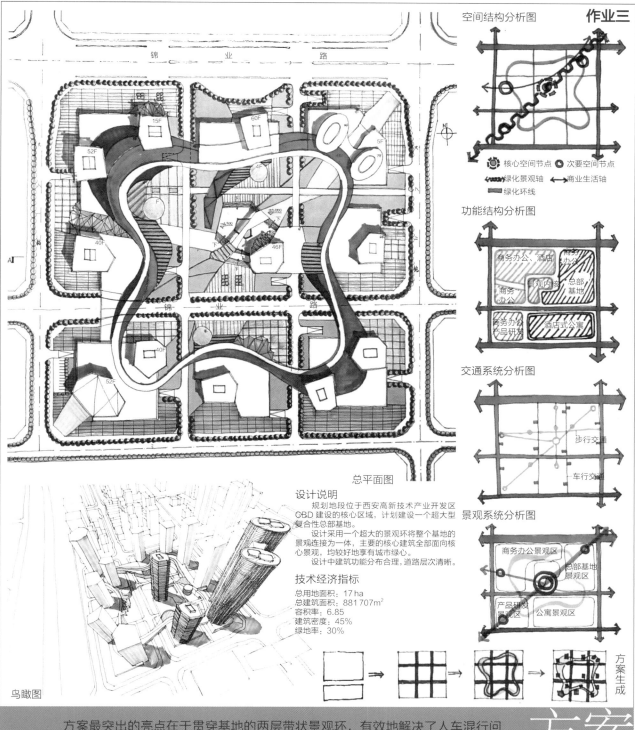

锦 业 路

空间结构分析图 　作业三

● 核心空间节点　○ 次要空间节点
～ 绿化景观轴　←→ 商业生活轴
■ 绿化环线

15F
60F
52F
5F
4F
F
40F
46F
40F
52F

A1

锦 业 路

总平面图

功能结构分析图

商务办公、酒店　商务办公
商务办公　景观内核　总部基地
商务办公产品研发　酒店式公寓

交通系统分析图

步行交通
车行交通

景观系统分析图

商务办公景观区
总部基地景观区
产品研发景观区　公寓景观区

方案生成

设计说明

　　规划地段位于西安高新技术产业开发区CBD建设的核心区域，计划建设一个超大型复合性总部基地。
　　设计采用一个超大的景观环将整个基地的景观连接为一体，主要的核心建筑全部面向核心景观，均较好地享有城市绿心。
　　设计中建筑功能分布合理，道路层次清晰。

技术经济指标

总用地面积：17 ha
总建筑面积：881 707m²
容积率：6.85
建筑密度：45%
绿地率：30%

鸟瞰图

　　方案最突出的亮点在于贯穿基地的两层带状景观环，有效地解决了人车混行问题，为在此工作、生活的人群提供一种全新的建筑体验，增进人们之间的交流活动；主要的核心建筑全部面向中心景观，实现景观的最大化利用。不足之处是场地中央的核心建筑与景观环串接之间的一组建筑群之间的联系不够紧密，考虑不周。
　　画面均衡，用色协调，但对环境景观的表达不够充分。

方案评析

作业四

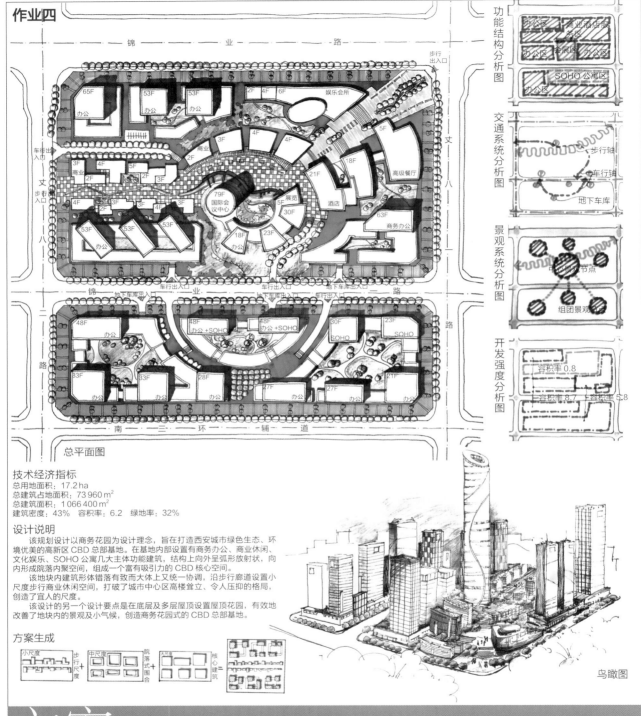

锦　　业　　路

65F 办公　53F 办公　53F 办公　2F 4F 6F　娱乐会所
步行出入口

3F
商业

车行出入口

3F 商业　4F　5F　2F　4F

4F
丈
八
步行出入口

4F　3F 办公　3F 办公　3F

79F
国际会议中心

展览
18F 办公

5F 展览　30F

酒店

高级餐厅

21F

23F

63F

商务办公

18F

53F 办公　53F 办公　53F 办公

丈
八
一
路

锦　　业　　路
地下车库出入口　车行出入口　地下车库出入口　车行出入口

48F 办公　48F 办公+SOHO　48F 办公+SOHO　30F SOHO　23F SOHO

83F 办公　33F 办公　28F 办公　27F 办公　27F 办公　21F 办公

南　三　环　辅　道

总平面图

功能结构分析图

办公区　商业酒店服务区　办公区　展览区　办公区　SOHO公寓区　办公区

交通系统分析图

步行轴　车行轴　地下车库

景观系统分析图

中心景观节点　组团景观节点

开发强度分析图

容积率 0.8　容积率 8.7　容积率 5.8

技术经济指标
总用地面积：17.2 ha
总建筑占地面积：73 960 m²
总建筑面积：1 066 400 m²
建筑密度：43%　容积率：6.2　绿地率：32%

设计说明
　　该规划设计以商务花园为设计理念，旨在打造西安城市绿色生态、环境优美的高新区CBD总部基地。在基地内部设置有商务办公、商业休闲、文化娱乐、SOHO公寓几大主体功能建筑，结构上向外呈弧形放射状，向内形成院落内聚空间，组成一个富有吸引力的CBD核心空间。
　　该地块内建筑形体错落有致而大体上又统一协调，沿步行廊道设置小尺度步行商业休闲空间，打破了城市中心区高楼耸立、令人压抑的格局，创造了宜人的尺度。
　　该设计的另一个设计要点是在底层及多层屋顶设置屋顶花园，有效地改善了地块内的景观及小气候，创造商务花园式的CBD总部基地。

方案生成
小尺度步行尺度　中尺度　院落式围合　大尺度　核心建筑

鸟瞰图

方案评析
　　方案规划较合理，尺度宜人，和基地周边地块联系紧密，较好地应对了场地条件，并植入商务花园的理念，试图在高密度下营造绿色生态环境。但不足之处在于南部地块中心区域开放度不够，与东北角的联系轴线过长，酒店位置设置不当。
　　画面饱满，鸟瞰图选取角度适宜，但总平面的硬质铺地量欠考虑。

6. 城市规划与设计硕士研究生快题周设计（一周）

■南京门东区工业厂区改造修建性详细规划及建筑设计

南京老城南是南京城市发展的重要起源地，见证了南京城市近2000年的全部发展历程。近年来，南京政府开始着手南京城南地区"保护与更新"的项目。

基地位于南京老城南历史城区、门东地区重点地块的旧厂房地块。门东地区重点地块，东起沈万三故居，西至转龙巷，南临明城墙，北抵马道街、剪子巷，用地面积约26.7 ha。基地西南侧是国家级文物保护单位南京中华门城堡与明城墙、向北约0.6 km就是夫子庙商业圈、北距南京最繁华的商业中心新街口约3 km。用地包括历史文化街区、历史风貌区和其他未更新地段。现状仍有众多历史遗迹、文保单位、大量传统民居，并基本保留着明清街道的传统风貌格局（见附图）。

设计者应根据设计内容在总体规划及整体城市设计构思的前提先进行方案设计。注意改造设计与整个基地大环境的交接关系，注重整个地块改造对于老城南地区门东区城市活力的提升、城市功能的完善与升级，同时不破坏现状门东区所特有的环境风貌，达到新改造与现状环境和谐共处、相融相通的前景。

□规划内容要求

（1）主要功能包括：文化创意空间、旅游商业空间、后勤管理、室外景观和公共空间景观设计，基地出入口、道路与停车设计，结合研究范围和城市周边地区的情况补充其他所需功能。

（2）指标控制。

容积率：1~1.5。

建筑密度：不大于45%。

绿地率：不小于40%。

（3）在城市更新和传统街区改造中，研究新型文化/旅游/商业建筑的功能定位和业态布置。

（4）探索历史风貌区域进行工业厂房老建筑区域总体改造设计及厂房建筑功能转换的新思路。

□规划成果要求

（1）总平面图。

（2）表达设计构思的分析图。

（3）反映空间意象的效果图。

（4）设计说明。

（5）功能策划。

（6）综合交通组织图。

（7）各系统分析图。

（8）反映城市空间构成的剖面图。

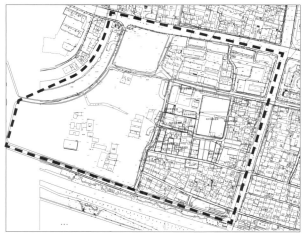

附图　规划用地范围示意图

作业一

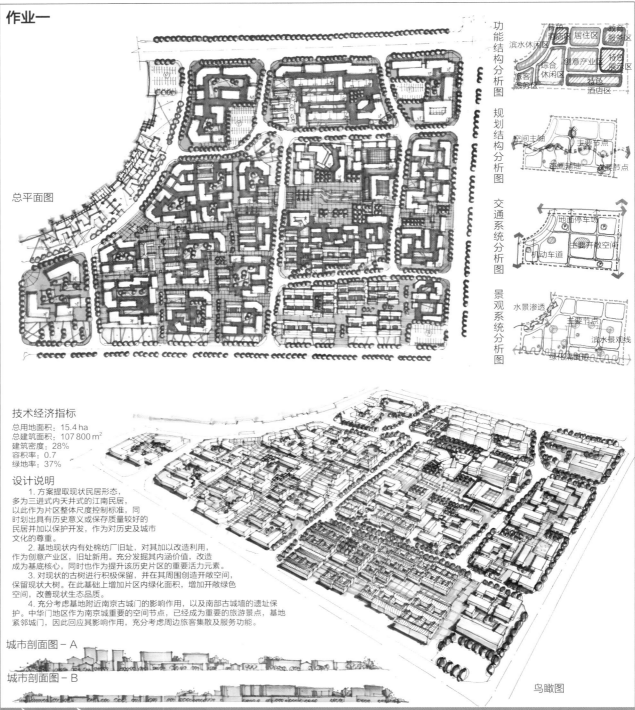

功能结构分析图

规划结构分析图

交通系统分析图

景观系统分析图

总平面图

技术经济指标
总用地面积: 15.4 ha
总建筑面积: 107 800 m²
建筑密度: 28%
容积率: 0.7
绿地率: 37%

设计说明
　　1. 方案提取现状民居形态,
多为三进式内天井式的江南民居,
以此作为片区整体尺度控制标准, 同
时划出具有历史意义或保存质量较好的
民居并加以保护开发, 作为对历史及城市
文化的尊重。
　　2. 基地现状内有处棉纺厂旧址, 对其加以改造利用,
作为创意产业区, 旧址新用。充分发掘其内涵价值, 改造
成为基底核心, 同时也作为提升该历史片区的重要活力元素。
　　3. 对现状的古树进行积极保留, 并在其周围创造开敞空间,
保留现状大树。在此基础上增加片区内绿化面积, 增加开敞绿色
空间, 改善现状生态品质。
　　4. 充分考虑基地附近南京古城门的影响作用, 以及南部古城墙的遗址保
护。中华门地区作为南京城重要的空间节点, 已经成为重要的旅游景点, 基地
紧邻城门, 因此回应其影响作用, 充分考虑周边旅客集散及服务功能。

城市剖面图 - A

城市剖面图 - B

鸟瞰图

方案评析

　　方案结构清晰, 在尊重原有街巷空间肌理的基础上, 充分保护价值较高的传统民居, 并试图探索出一种"细胞式发展"的空间模式语言, 同时将棉纺厂旧址作为整个地段的核心原点, 串联起其他几处重要节点空间, 并考虑了相关的集散和服务功能, 是一份上乘的快题答卷。但遗憾之处在于整个地段街道尺度偏大。
　　图面完整, 表达清晰有效。

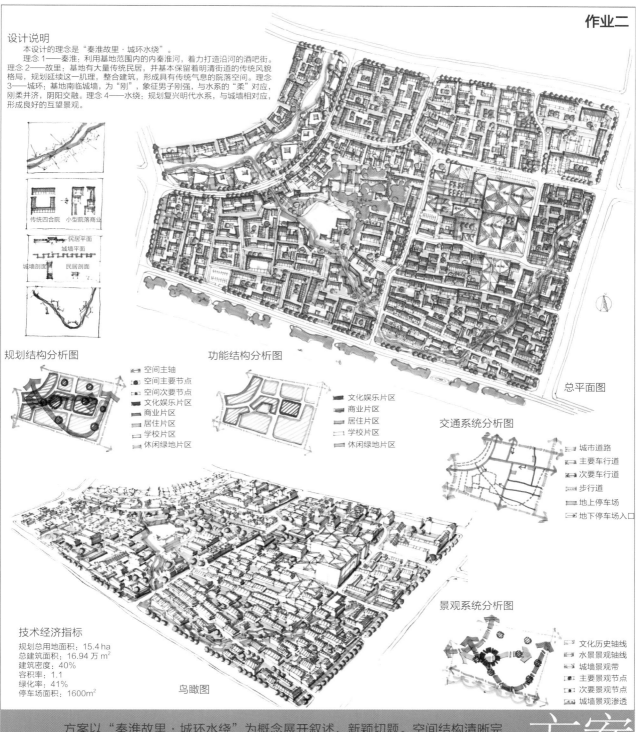

作业二

设计说明
　　本设计的理念是"秦淮故里·城环水绕"。
　　理念1——秦淮：利用基地范围内的内秦淮河，着力打造沿河的酒吧街。
理念2——故里：基地有大量传统民居，并基本保留着明清街道的传统风貌格局，规划延续这一肌理，整合建筑，形成具有传统气息的院落空间。理念3——城环：基地南临城墙，为"刚"，象征男子刚强，与水系的"柔"对应，刚柔并济，阴阳交融。理念4——水绕：规划复兴明代水系，与城墙相对应，形成良好的互望景观。

传统四合院　小型院落商业

民居平面
城墙平面
城墙剖面　民居剖面

规划结构分析图

- 空间主轴
- 空间主要节点
- 空间次要节点
- 文化娱乐片区
- 商业片区
- 居住片区
- 学校片区
- 休闲绿地片区

功能结构分析图

- 文化娱乐片区
- 商业片区
- 居住片区
- 学校片区
- 休闲绿地片区

总平面图

交通系统分析图

- 城市道路
- 主要车行道
- 次要车行道
- 步行道
- 地上停车场
- 地下停车场入口

技术经济指标
规划总用地面积：15.4 ha
总建筑面积：16.94 万 m²
建筑密度：40%
容积率：1.1
绿化率：41%
停车场面积：1600m²

鸟瞰图

景观系统分析图

- 文化历史轴线
- 水景景观轴线
- 城墙景观带
- 主要景观节点
- 次要景观节点
- 城墙景观渗透

　　方案以"秦淮故里·城环水绕"为概念展开叙述，新颖切题。空间结构清晰完整，街巷尺度适宜，形成层次清晰、疏密有致的整体环境。但对题目的要求没有深入理解，忽略了棉纺厂与整个地段的关联，新引入的水系也缺乏与核心空间的有机组织。
　　表达清晰，用色协调，表达效果较好。

方案评析

作业三

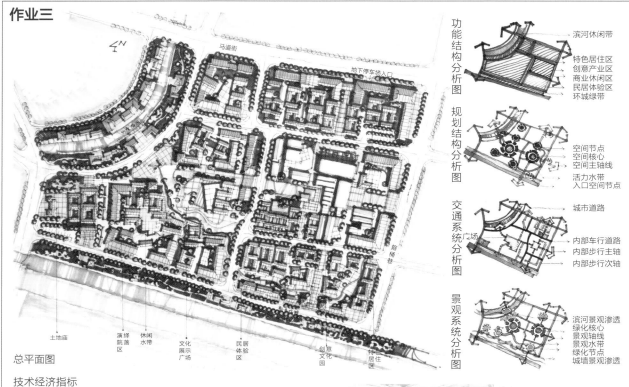

功能结构分析图

滨河休闲带
特色居住区
创意产业区
商业休闲区
民居体验区
环城绿带

规划结构分析图

空间节点
空间核心
空间主轴线
活力水带
入口空间节点

交通系统分析图

城市道路
内部车行道路
内部步行主轴
内部步行次轴

景观系统分析图

滨河景观渗透
绿化核心
景观轴线
景观水带
绿化节点
城墙景观渗透

马道街
地下停车场入口
赖桶巷

土地庙　演绎院落区　休闲水带　文化展示广场　民居体验区　创意文化园　特色居住区

总平面图

技术经济指标

总用地面积：15.4 ha
总建筑面积：123 200 m²
建筑密度：31%
容积率：0.8
绿地率：29%

设计说明

　　设计立足于基地现状，尊重场地文化及历史印记，以现状问题及规划目标为导向，创造出适应现代城市生活的老城空间，同时注重场地文脉的延续，对原有院落及工业遗存进行保留、改造及演绎，加强功能的多样性，加入公共开放空间及绿化渗透，创造出具有记忆力及生命力的城市空间。

规划策略

功能策略：多元互动，功能混合

空间策略：传承记忆，演绎融合

环境策略：尊重历史，重塑活力
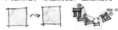

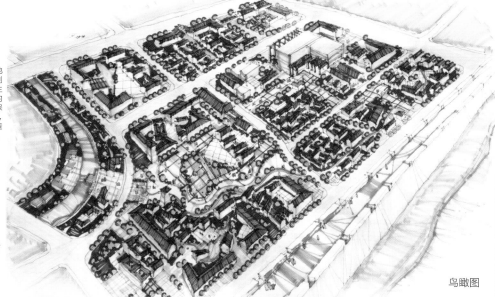

鸟瞰图

方案评析

　　方案结构合理，通过增加几处广场来强调重点节点之间的序列，疏密有致，层次清晰。但最大的问题在于方案尺度失控，破坏原有街巷肌理，违背题目中不破坏地段特有的环境风貌的要求。
　　图面表达上佳，特别是鸟瞰图的绘制方法值得学习。

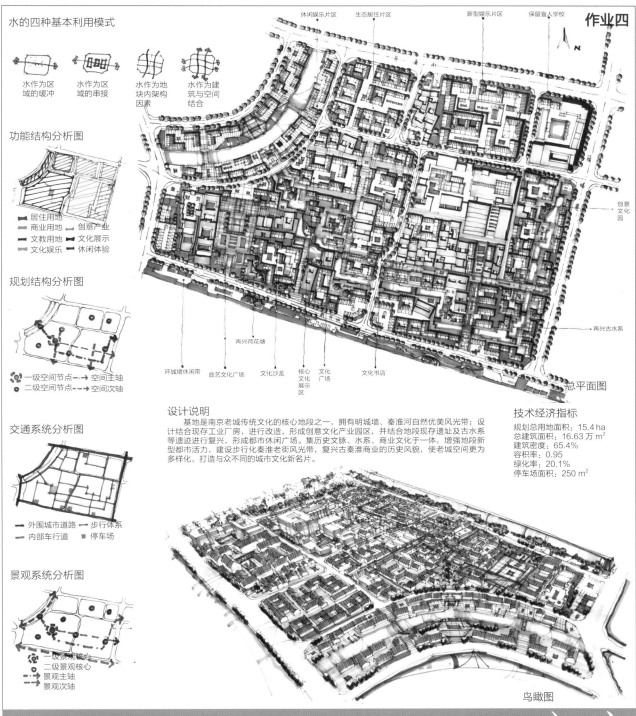

水的四种基本利用模式

水作为区域的缓冲　　水作为区域的串接　　水作为地块内架构因素　　水作为建筑与空间结合

功能结构分析图

居住用地　　创意产业
商业用地　　文化展示
文教用地　　休闲体验
文化娱乐

规划结构分析图

一级空间节点　　空间主轴
二级空间节点　　空间次轴

交通系统分析图

外围城市道路　　步行体系
内部车行道　　停车场

景观系统分析图

一级景观核心
二级景观核心
景观主轴
景观次轴

休闲娱乐片区　　生态居住片区　　新型娱乐片区　　保留盲人学校　　作业四

创意文化园

再兴古水系

再兴荷花塘

环城墙休闲带　　曲艺文化广场　　文化沙龙　　核心文化展示区　　文化广场　　文化书店

总平面图

设计说明
　　基地是南京老城传统文化的核心地段之一，拥有明城墙、秦淮河自然优美风光带；设计结合现存工业厂房，进行改造，形成创意文化产业园区，并结合地段现存遗址及古水系等遗迹进行复兴，形成都市休闲广场。集历史文脉、水系、商业文化于一体，增强地段新型都市活力，建设步行化秦淮老街风光带，复兴古秦淮商业的历史风貌，使老城空间更为多样化，打造与众不同的城市文化新名片。

技术经济指标
规划总用地面积：15.4 ha
总建筑面积：16.63 万 m²
建筑密度：65.4%
容积率：0.95
绿化率：20.1%
停车场面积：250 m²

鸟瞰图

　　方案空间尺度适宜，最大限度地延续了地段肌理，但结构略显混乱，没有形成整体的空间构架，几处开放空间的增加与结构主线索无关。方案概念与题目中"城市活力的提升"的设计意图不符。
　　图面表达充分，用笔娴熟，色彩协调。

方案评析

7. 城市规划与设计硕士研究生入学考试试题（6小时）

■某大城市企业总部基地规划设计

　　基地位于我国中部某大城市以西、京福高速公路下线口附近。用地西南紧邻西环路，是城市主要的交通性干道，连接高速铁路客运站。北侧为泰山大街，是连接城市西部开发区、城市行政中心及历史老城区的主要干道（见附图）。规划用地面积约49 ha，地段内有河道穿过，规划路两条，整体地势平坦。

　　地段规划为企业总部基地，是一个集办公、研发、生活、休闲为一体的综合片区，主要包括：办公和研发用地，由商务办公楼和科技研发楼构成；服务设施用地，由总部基地的管理机构、公共服务平台（会计、银行、信息、展览等）、配套服务设施（餐饮、休闲、购物等）构成；居住用地，由公寓组成。

□规划设计条件

　　用地面积：49 ha

　　用地性质：商业金融用地

　　容积率：4.5

　　建筑密度：不大于45%

　　绿地率：不小于30%

□规划设计要求

　　（1）根据地段整体功能定位，完成整个地段的规划设计。

　　（2）考虑地段的整体性质、用地特征及总体指标要求，确定各组成部分的具体内容和比例。

　　（3）统筹考虑地段的停车和绿化布局。

□规划成果要求（A1图幅）

　　（1）规划总平面图（1:2000）。

　　（2）规划分析图。

　　（3）总体鸟瞰图。

　　（4）技术经济指标，规划设计说明。

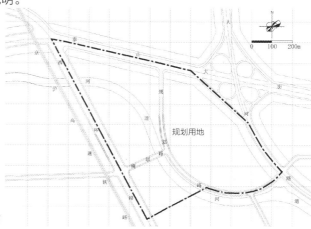

附图　用地现状图

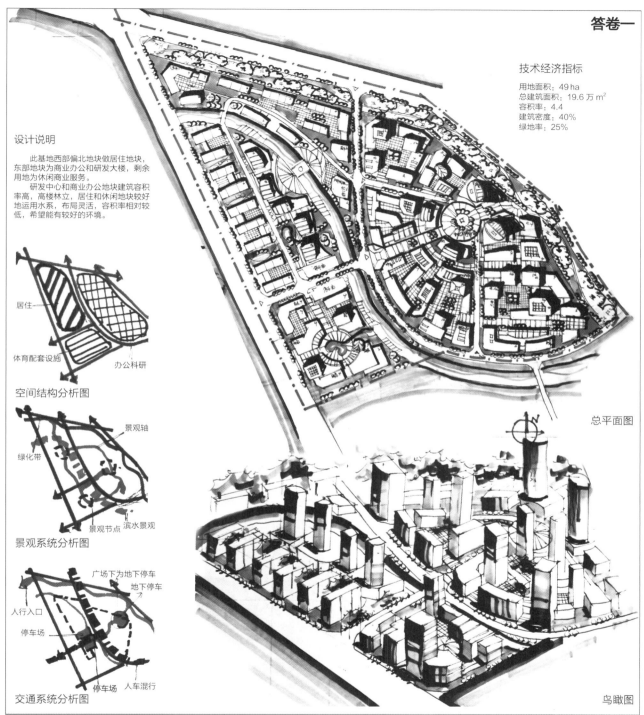

答卷一

技术经济指标

用地面积：49 ha
总建筑面积：19.6 万 m²
容积率：4.4
建筑密度：40%
绿地率：25%

设计说明

　　此基地西部偏北地块做居住地块，东部地块为商业办公和研发大楼，剩余用地为休闲商业服务。
　　研发中心和商业办公地块建筑容积率高，高楼林立，居住和休闲地块较好地运用水系，布局灵活，容积率相对较低，希望能有较好的环境。

居住
体育配套设施
办公科研

空间结构分析图

景观轴
绿化带
景观节点　滨水景观

景观系统分析图

广场下为地下停车
地下停车
人行入口
停车场
停车场　人车混行

交通系统分析图

总平面图

鸟瞰图

方案评析

　　方案结构清晰，功能分区合理。对于建筑群落的处理整体性佳，但在场地西部边界的处理采取阵列式的排布方式，刻板单一，不能凸显总部基地的外部形象特征。而绿化及景观的组织也存在较为薄弱不成体系的问题。
　　整体画面完整，但存在建筑线条不够干净利落、整体环境表达较为随意的问题。分析图表现方式有待提高。

答卷二

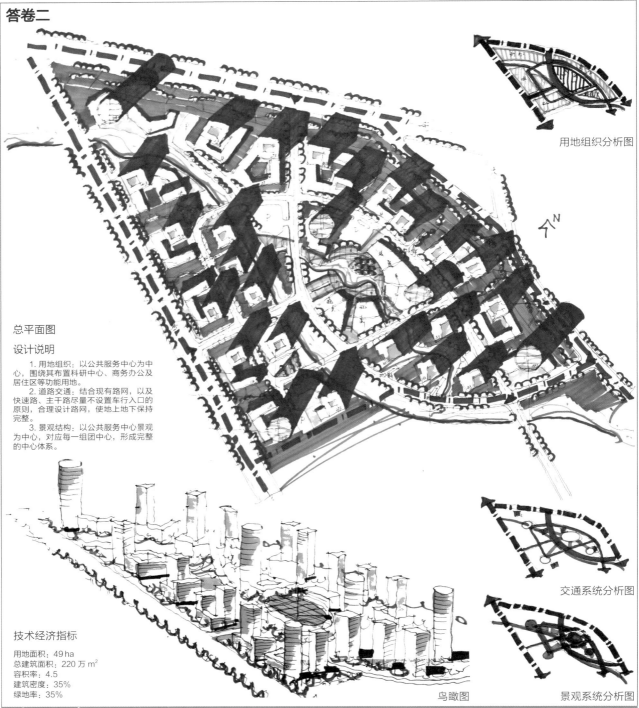

用地组织分析图

总平面图

设计说明

1. 用地组织：以公共服务中心为中心，围绕其布置科研中心、商务办公及居住区等功能用地。

2. 道路交通：结合现有路网，以及快速路、主干路尽量不设置车行入口的原则，合理设计路网，使地上地下保持完整。

3. 景观结构：以公共服务中心景观为中心，对应每一组团中心，形成完整的中心体系。

交通系统分析图

景观系统分析图

技术经济指标

用地面积：49 ha
总建筑面积：220 万 m²
容积率：4.5
建筑密度：35%
绿地率：35%

鸟瞰图

方案评析

　　方案构思新颖，突破原有场地的结构框架，形成了在对角线方向的轴向空间处理，对于提升总部基地外部形象及内部特征具有积极作用。水体、绿化、场地等各个景观要素的组织关系明确。但存在建筑单体的空间尺度略小的问题。
　　整体画面表达清晰，画面饱满，但绿化环境表达欠佳。

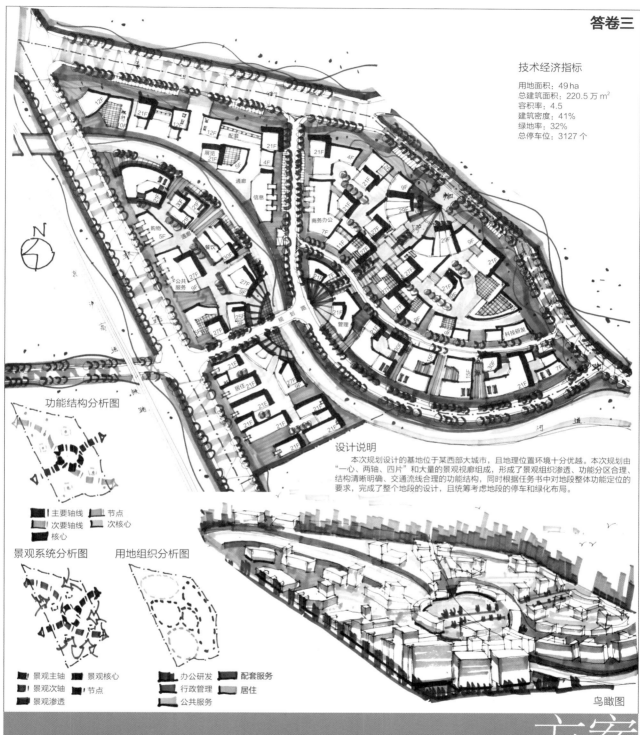

答卷三

技术经济指标

用地面积：49 ha
总建筑面积：220.5 万 m²
容积率：4.5
建筑密度：41%
绿地率：32%
总停车位：3127 个

功能结构分析图

- ■ 主要轴线
- ■ 次要轴线
- ■ 核心
- ■ 节点
- ■ 次核心

景观系统分析图　　**用地组织分析图**

- ■ 景观主轴　　■ 景观核心
- ■ 景观次轴　　■ 节点
- ■ 景观渗透
- ■ 办公研发　　■ 配套服务
- ■ 行政管理　　■ 居住
- ■ 公共服务

设计说明

　　本次规划设计的基地位于某西部大城市，且地理位置环境十分优越。本次规划由"一心、两轴、四片"和大量的景观视廊组成，形成了景观组织渗透、功能分区合理、结构清晰明确、交通流线合理的功能结构，同时根据任务书中对地段整体功能定位的要求，完成了整个地段的设计，且统筹考虑了地段的停车和绿化布局。

鸟瞰图

方案评析

　　方案构思清楚，结构较为完整，但在总部基地的核心区域的空间处理较为单调，优点是对于场地环境的变化有充分的考虑。

　　整体画面完整，平面图表达较为清晰丰富，但分析图与鸟瞰图均有待提高。

答卷四

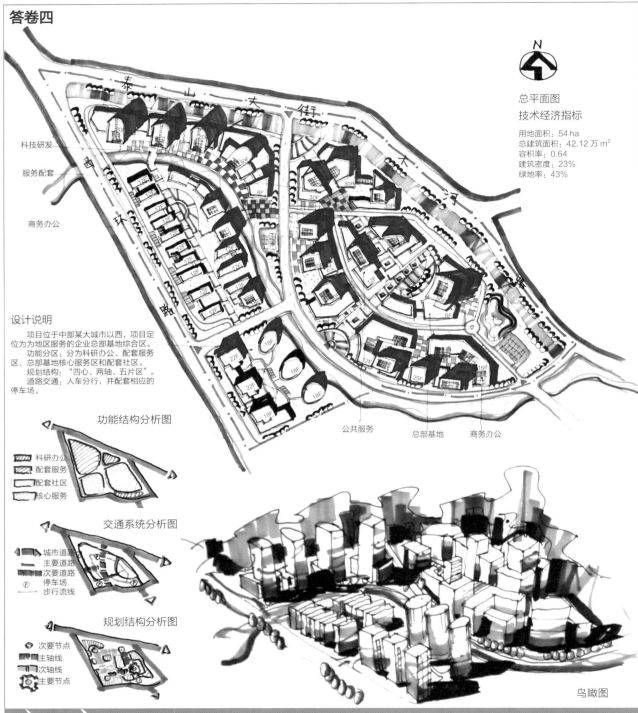

总平面图
技术经济指标

用地面积：54 ha
总建筑面积：42.12 万 m²
容积率：0.64
建筑密度：23%
绿地率：43%

科技研发

服务配套

商务办公

设计说明

　　项目位于中部某大城市以西，项目定位为为地区服务的企业总部基地综合区。
　　功能分区：分为科研办公、配套服务区、总部基地核心服务区和配套社区。
　　规划结构："四心、两轴、五片区"。
　　道路交通：人车分行，并配套相应的停车场。

功能结构分析图

科研办公
配套服务
配套社区
核心服务

交通系统分析图

城市道路
主要道路
次要道路
停车场
步行流线

规划结构分析图

次要节点
主轴线
次轴线
主要节点

公共服务　　　总部基地　　　商务办公

鸟瞰图

方案评析

　　方案构思巧妙，功能分区清晰，建筑的组合控制合理，对于总部基地的形象性有充分的考虑，采用由西到东层层抬起的空间关系。景观环境刻画细致，同时清晰的标注也是本方案的特点。
　　整体画面清新，表达充分，但分析图的表达需进一步提高。

8. 城市规划与设计硕士研究生入学考试试题（6小时）

■地块用地性质为B类的规划设计

北方某大城市，毗邻南二环某长方形地块，东西宽250 m，南北宽350 m。用地北临南二环（城市快速干道，红线80 m），东临城市主干道（红线50 m），南临城市次干道（红线35 m），西侧为城市支路（红线20 m）。

土地出让价格为700 万元/亩。参考周边地段，建筑物开发成本约为2000 元/米²，房地产销售价格均价：住宅8000 元/米²，商业15 000 元/米²，办公12 000 元/米²。

总体规划规定该地块用地性质为B类。

□规划设计要求

完成符合背景条件的规划设计方案。

□规划成果要求

（1）只需绘制总平面图。比例为1:500，须表达周边道路可能的平面划分方式（断面形式），须表达符合控规要求的各类建筑控制线，图面须标注主要尺寸、建筑名称、层数等信息。

（2）提供尽可能完善的技术经济指标。

（3）A1图幅；制图须符合《总图制图标准》（GB/T 50103-2010）之规定，采用单色线条图表达。

答卷一

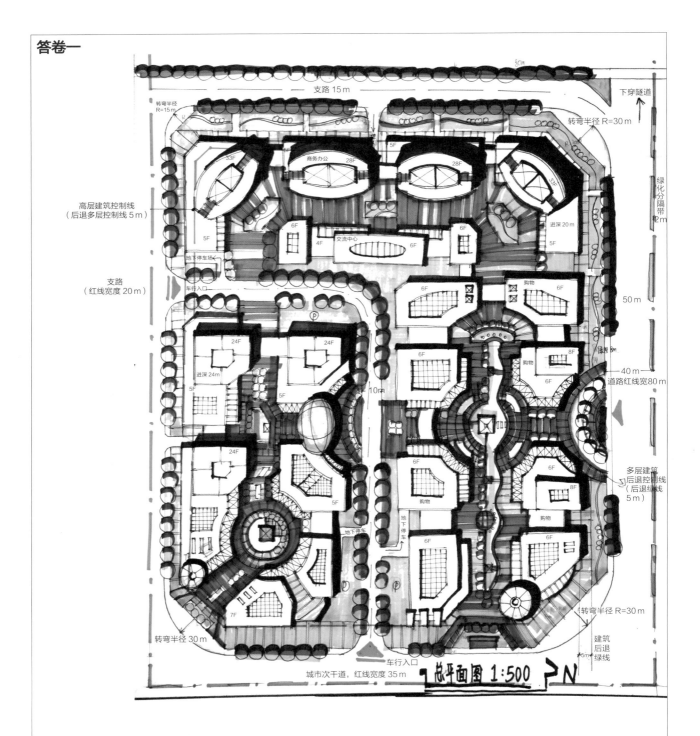

支路 15 m
转弯半径 R=15 m
转弯半径 R=30 m
下穿隧道
33F
商务办公
28F
28F
33F
绿化分隔带 2 m
高层建筑控制线
（后退多层控制线 5 m）
进深 20 m
6F
商务办公
6F
5F
4F 交流中心
6F
5F
50m
地下停车场
购物
6F
支路
（红线宽度 20 m）
车行入口
6F
6F
购物
6F
24F
24F
40 m
进深 24 m
6F
8F
道路红线宽 80 m
5F
10m
5F
购物
6F
24F
多层建筑
后退控制线
（后退绿线 5 m）
5F
购物
6F
8F
地下停车
购物
6F
6F
转弯半径 R=30 m
7F
转弯半径 30 m
建筑后退绿线
车行入口
城市次干道，红线宽度 35 m
总平面图 1:500

方案评析

　　从规划平面图而言，方案构思新颖，布局灵活，层次清晰。对地块采取整体商业开发的形式进行规划设计。建筑形式的选择多样统一，对于街道空间的处理丰富灵活，具有较强的空间吸引力。
　　整体画面完整统一，重点突出，标注清楚。

答卷二

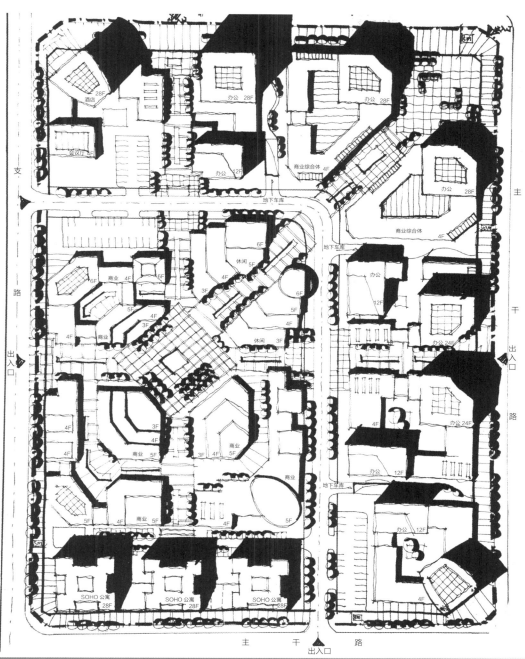

从规划平面图而言，方案结构清晰，分区合理，斜向步行系统的介入使得整体的空间显得活跃丰富，在建筑形式的选择上多元统一，但中部核心区域的建筑尺度略小。环境设计较为简单。

整体画面的处理效果较弱，对于建筑细部及景观细部的刻画有待加强。

答卷三

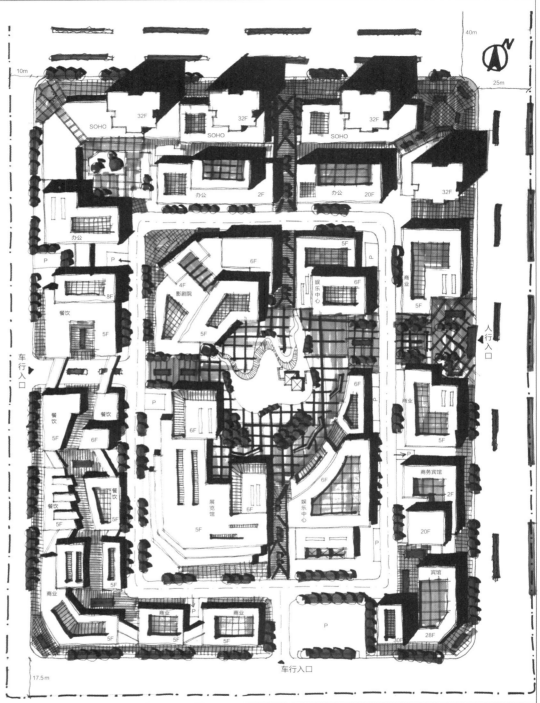

方案评析

　　从规划平面图而言，方案层次清晰，采用围合多层次的空间处理方式，整体的空间较为内向，对于商业开发而言有些欠妥。商业建筑的体量关系略小，对于环境中水景的处理不符合北方城市的特质。

　　画面完整饱满，效果较好。

答卷四

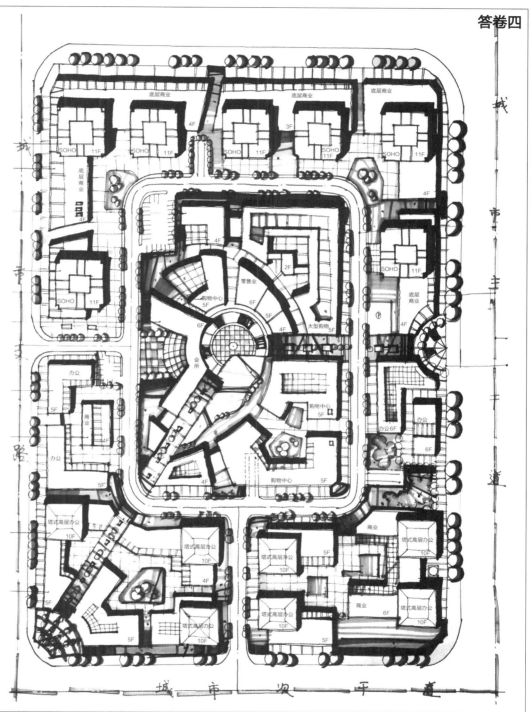

就规划平面图而言，方案层次清晰，分区明确，在围合关系的基础上能够充分考虑到商业的外向性，从而由核心区域延伸出若干方向通廊。建筑群体组织统一有序，各类型建筑特征明确，环境景观细部表达充分。

整体画面表达清晰，虚实关系明确。

方案评析

06.02.03 大学校园

大学校园是规划快题考试的常见类型。大学校园功能构成较为复杂，包括办公、教学、科研、生活等部分，能够充分考查学生的综合能力。本书选择大学校园及科教园区快题进行评析。

1. 城市规划与设计硕士研究生入学考试试题（6小时）

■ 南方某大学新校区规划设计

南方地区某中等城市拟新建一大学。该城市位于江苏省中部，南临长江，北接淮水，中贯京杭大运河，是一座历史文化与现代工业科技交相辉映的滨江开放城市。校区地处城南，交通便利，有丰富的植物资源与水资源，学校占地约52 ha，校址范围及校园周边用地如图所示。根据学校要求，本学校要建成风景园林式校园，校园东、南两侧临城市干道，西侧为另一职业学校（建议两校合用风雨操场和体育馆），北侧为预留用地（见附图）。

□ 主要规划技术指标

（1）公共教学楼：30 000 m²。

（2）图书信息中心：30 000 m²。

（3）学院教学楼：60 000 m²（5个学院）。

（4）学生宿舍：60 000 m²。

（5）学生食堂：10 000 m²。

（6）体育馆及大学生活动中心：11 000 m²。

（7）后勤用房及办公：12 000 m²。

（8）运动场地（包括1个标准田径场、不少于5个篮球场和5个排球场、4个网球场等）。

（9）其他（可适量考虑科技研发、实验室、专家公寓等）。

（10）容积率：0.6。

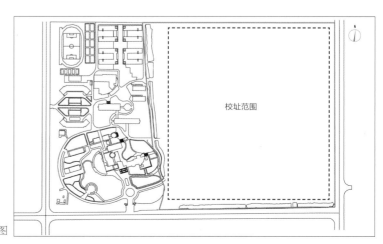

附图　规划用地范围示意图

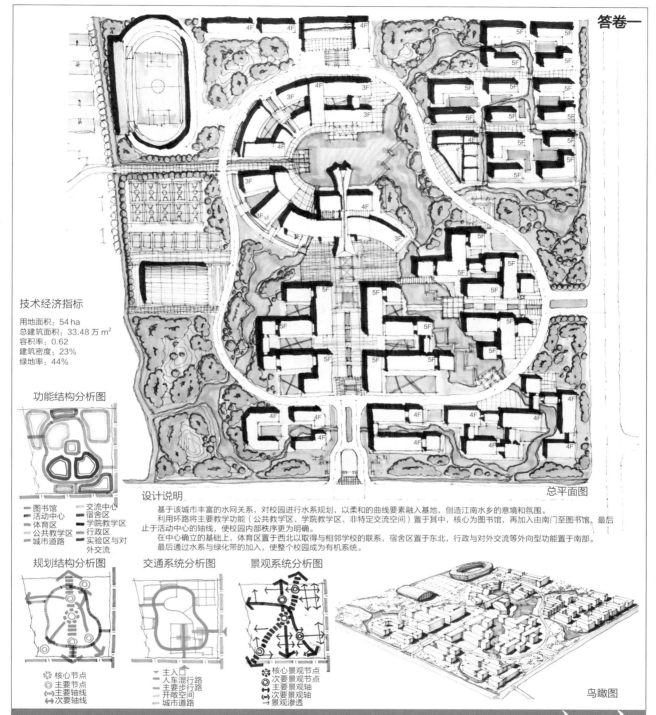

答卷一

技术经济指标

用地面积：54 ha
总建筑面积：33.48 万 m²
容积率：0.62
建筑密度：23%
绿地率：44%

功能结构分析图

■ 图书馆　　■ 交流中心
■ 活动中心　■ 宿舍区
■ 体育区　　■ 学院教学区
■ 公共教学区■ 行政区
■ 城市道路　■ 实验区与对
　　　　　　　外交流

设计说明

基于该城市丰富的水网关系，对校园进行水系规划，以柔和的曲线要素融入基地，创造江南水乡的意境和氛围。
利用环路将主要教学功能（公共教学区、学院教学区、非特定交流空间）置于其中，核心为图书馆，再加入由南门至图书馆、最后止于活动中心的轴线，使校园内部秩序更为明确。
在中心确立的基础上，体育区置于西北以取得与相邻学校的联系，宿舍区置于东北，行政与对外交流等外向型功能置于南部。
最后通过水系与绿化带的加入，使整个校园成为有机系统。

总平面图

规划结构分析图

❋ 核心节点
◎ 主要节点
⟨⟩ 主要轴线
↑ 次要轴线

交通系统分析图

▼ 主入口
━ 人车混行路
━ 主要步行路
□ 开敞空间
━ 城市道路

景观系统分析图

❋ 核心景观节点
◎ 次要景观节点
⟨⟩ 主要景观轴
⟨⟩ 次要景观轴
↑ 景观渗透

鸟瞰图

方案评析

　　方案结构清晰，空间尺度适宜，采用环状路网组织各个功能区，形成各区之间的有机联系，并与西侧用地的水体形成呼应。空间组织有序、张弛有度、动静相宜。西侧与相邻学校的联系道路应改为车行道。
　　图面简洁清爽，色彩明快，表达清晰，徒手功底扎实。

答卷二

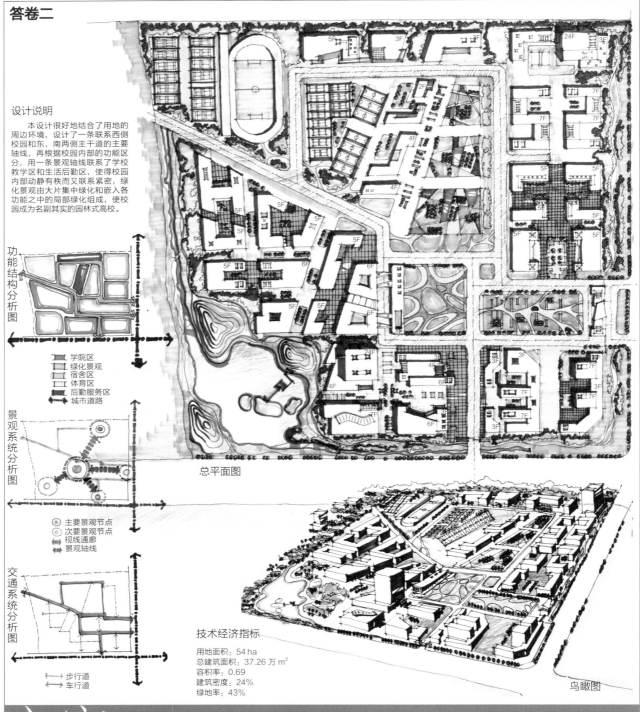

设计说明

　　本设计很好地结合了用地的周边环境，设计了一条联系西侧校园和东、南两侧主干道的主要轴线，再根据校园内部的功能区分，用一条景观轴线联系了学校教学区和生活后勤区，使得校园内部动静有秩而又联系紧密，绿化景观由大片集中绿化和嵌入各功能之中的局部绿化组成，使校园成为名副其实的园林式高校。

功能结构分析图

- ▬ 学院区
- ▬ 绿化景观
- ▬ 宿舍区
- ▬ 体育区
- ▬ 后勤服务区
- ◄▬► 城市道路

景观系统分析图

- ◉ 主要景观节点
- ◎ 次要景观节点
- ▥ 视线通廊
- ▥ 景观轴线

交通系统分析图

- ◄▬► 步行道
- ◄▬► 车行道

总平面图

技术经济指标

用地面积：54 ha
总建筑面积：37.26 万 m²
容积率：0.69
建筑密度：24%
绿地率：43%

鸟瞰图

方案评析

　　方案构思新颖，布局灵活，设计的最大亮点是结合基地现有生态条件，通过大水面和大片绿地的营造突出园林式高校的特点。利用主轴线的方向变换打破了传统学校轴线对称的僵硬布局。但斜向的空间组织与建筑布局仍需推敲。个别建筑尺度不准确。

　　图面饱满，效果较好，但分析图表现方式有待提高。

答卷三

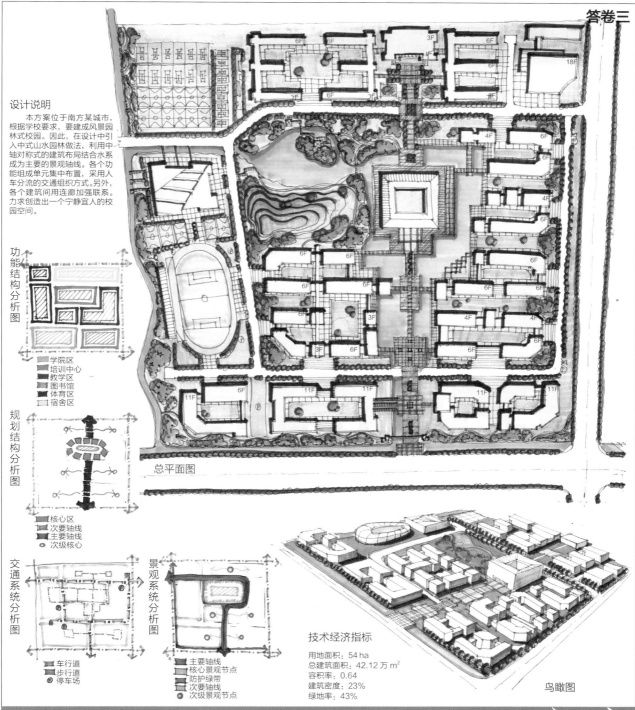

设计说明

本方案位于南方某城市，根据学校要求，要建成风景园林式校园。因此，在设计中引入中式山水园林做法，利用中轴对称式的建筑布局结合水系成为主要的景观轴线。各个功能组成单元集中布置，采用人车分流的交通组织方式。另外，各个建筑间用连廊加强联系。力求创造出一个宁静宜人的校园空间。

功能结构分析图

- 学院区
- 培训中心
- 教学区
- 图书馆
- 体育区
- 宿舍区

规划结构分析图

- 核心区
- 次要轴线
- 主要轴线
- 次级核心

交通系统分析图

- 车行道
- 步行道
- 停车场

景观系统分析图

- 主要轴线
- 核心景观节点
- 防护绿带
- 次要轴线
- 次级景观节点

总平面图

技术经济指标

用地面积：54 ha
总建筑面积：42.12 万 m^2
容积率：0.64
建筑密度：23%
绿地率：43%

鸟瞰图

方案评析

方案结构清晰，分区明确。采用院落式布局手法，联系各功能单元，营造出大学的整体秩序感。充分利用地段的水资源进行整体环境的塑造，有效地提高了校园的整体环境品质。

图面完整，效果较好，但绿地深度稍显欠缺。

2. 城市规划与设计硕士研究生入学考试试题（6小时）

■某大学科技园科教研发区规划设计

西北地区某地级城市，由3个片区构成：老城区、渭北新区、高新技术开发区（见附图1）。某大学科技园位于高新技术开发区的职教城核心地段，其东部为高新区的综合居住片区，南、北、西三面均为职业技术教育产业用地，其中，北部已有3所理工类职业技术院校建成并使用，在校学生约3万人（见附图2）。该大学科技园总占地760亩，分为4个部分，由东至西依次为科教研发区、综合办公区、配套住宅区、生产区。经市场调研，该项目前期策划对各地块定位为：1）科教研发区——中小企业研发及孵化基地；2）综合办公区——企业总部、商业金融服务、专家公寓；3）配套住宅区——提供商品住宅及居住生活服务设施；4）生产区——部分企业的生产试验区。本次规划对象为起步区——科教研发区，净用地面积为211.5亩（不含代征路），基地内地势平坦，无地质灾害隐患，原有村庄已进行异地安置，规划中不需要考虑任何现状（见附图3）。

□规划内容要求

（1）功能要求：基地内布置的主要建筑功能为科技研发和企业孵化，建筑面积规模根据规划设计条件及规划布局确定，此外还需布置一幢20 000 m²的综合办公楼、一幢20 000 m²的学术交流中心（含住宿、餐饮），并适量安排为提升园区环境品质的小型公共服务设施。

（2）指标控制。

容积率：1.2。

绿地率：30%。

建筑密度：35%。

建筑退线：多层不小于8 m，高层不小于10 m。

停车率：0.7/百平方米。

其他：按照相关规范、标准执行。

（3）园区风貌控制：现代、简洁、宜人的高品质办公环境，鲜明体现现代科技园区特征。

（4）其他要求：根据市场调研及项目策划，本方案的科技研发及产业孵化主要针对中小企业服务，故在规划设计中须考虑中小企业对空间规模及环境的要求，以模块化的方式提供300 m²、600 m²、1200 m²等几种主体空间规格。各种规格的空间应可组合、拆分为其他不同规格的空间，以适应变化的市场需求。

□规划成果要求

（1）A1图纸

（2）主要表达内容：

前期分析；

规划设计构思；

总平面图，不小于1:2000；

相关系统规划；

模块化建筑设计构思；

鸟瞰图或轴测图；

技术经济指标；

规划设计说明。

附图1 区域总体规划图

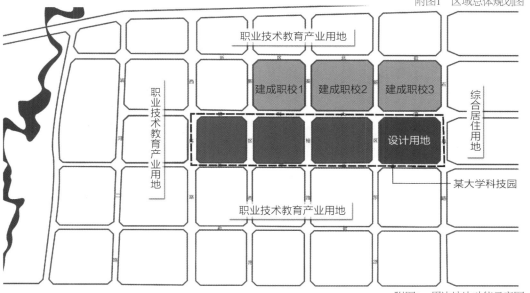

附图2 周边地块功能示意图

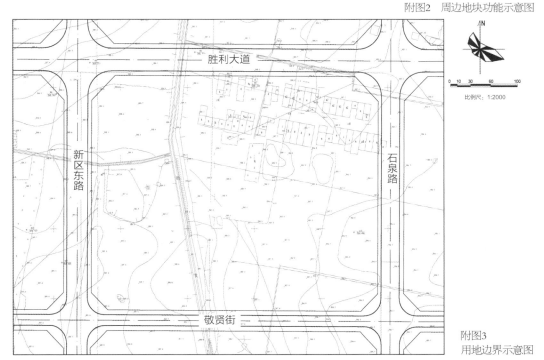

附图3
用地边界示意图

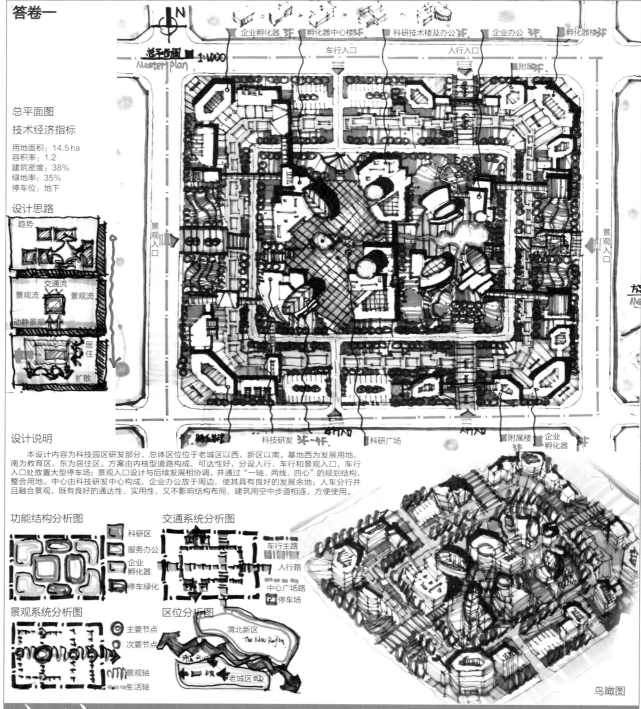

答卷一

总平面图
Master plan 1:4000

企业孵化器 3F　孵化器中心楼 3F　科研技术楼及办公 3F　企业办公 3F　孵化器楼 3F
车行入口　人行入口
附属 3F

景观入口　景观入口

科技研发 3F-4F　科研广场　附属楼 3F　企业孵化器

总平面图

技术经济指标

用地面积：14.5 ha
容积率：1.2
建筑密度：38%
绿地率：35%
停车位：地下

设计思路

趋势
交通流　景观流　景观流
动静景观　居住
扩散

设计说明

　　本设计内容为科技园区研发部分，总体区位位于老城区以西，新区以南。基地西为发展用地，南为教育区，东为居住区。方案由内核型道路构成，可达性好，分设人行、车行和景观入口，车行入口处放置大型停车场；景观入口设计与后续发展相协调，并通过"一轴、两线、四心"的规划结构，整合用地。中心由科技研发中心构成，企业办公放于周边，使其具有良好的发展余地；人车分行并且融合景观，既有良好的通达性、实用性，又不影响结构布局，建筑用空中步道相连，方便使用。

功能结构分析图
科研区　服务办公　企业孵化器　停车绿化

交通系统分析图
车行主路　人行路　中心广场路　停车场

景观系统分析图
主要节点　次要节点　景观轴　生活轴

区位分析图
渭北新区 The New Region
老城区 OLD

鸟瞰图

方案评析

　　方案构思新颖，布局灵活，设计的最大亮点是形成了鲜明的形态结构，通过核心景观的营造突出了科教研发中心的公共品质。路网清晰，利用水系环绕形成了较好的整体空间品质。
　　图面饱满，效果较好，分析图表达明确。

答卷二

功能结构分析图

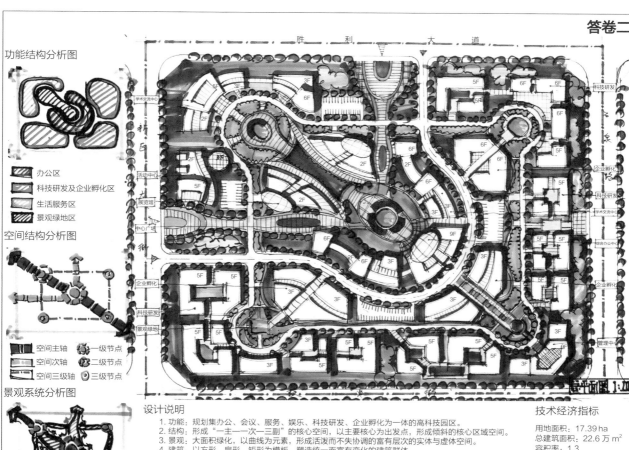

图例：
- 办公区
- 科技研发及企业孵化区
- 生活服务区
- 景观绿地区

空间结构分析图

图例：
- 空间主轴
- 空间次轴
- 空间三级轴
- 一级节点
- 二级节点
- 三级节点

景观系统分析图

图例：
- 一级景观轴
- 二级景观轴
- 三级景观轴
- 景观渗透
- 一级景观节点
- 二级景观节点
- 三级景观节点

交通系统分析图

图例：
- 主要车行
- 次要车行
- 步行主轴
- 步行次轴
- 地面停车场

总平面图 1:

设计说明

1. 功能：规划集办公、会议、服务、娱乐、科技研发、企业孵化为一体的高科技园区。
2. 结构：形成"一主——一次—三副"的核心空间，以主要核心为出发点，形成倾斜的核心区域空间。
3. 景观：大面积绿化，以曲线为元素，形成活泼而不失协调的富有层次的实体与虚体空间。
4. 建筑：以方形、扁形、矩形为模板，塑造统一而富有变化的建筑群体。

技术经济指标

用地面积：17.39 ha
总建筑面积：22.6 万 m²
容积率：1.3
建筑密度：34%
绿地率：36%

鸟瞰图

方案评析

> 方案结构清晰，分区明确。采用问号式路网与环形路网相结合的结构方式，建筑组合方式与道路相呼应，营造良好的空间整体秩序感。同时建筑组合方式灵活多样、形态完整，形成了丰富的空间秩序。
> 图面表达完整，分析内容清晰、层次明确，整体风格引人入胜。

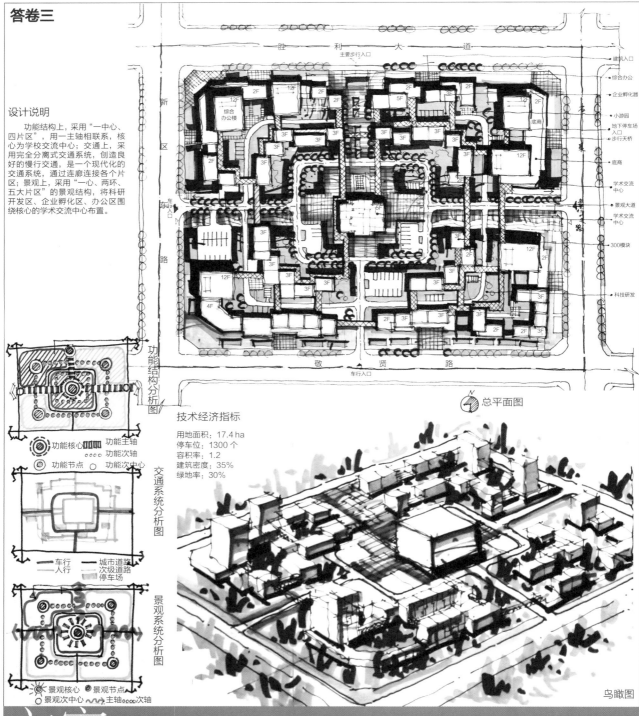

答卷三

设计说明

　　功能结构上，采用"一中心、四片区"，用一主轴相联系，核心为学校交流中心；交通上，采用完全分离式交通系统，创造良好的慢行交通，是一个现代化的交通系统，通过连廊连接各个片区；景观上，采用"一心、两环、五大片区"的景观结构，将科研开发区、企业孵化区、办公区围绕核心的学术交流中心布置。

功能结构分析图

○ 功能核心　████ 功能主轴
◎ 功能节点　○○○○ 功能次轴
◎ 功能节点　○ 功能次中心

交通系统分析图

━ 车行　　━ 城市道路
━ 人行　　次级道路
████ 停车场

景观系统分析图

☀ 景观核心　● 景观节点
○ 景观次中心　～～ 主轴○○○次轴

技术经济指标

用地面积：17.4 ha
停车位：1300 个
容积率：1.2
建筑密度：35%
绿地率：30%

⊕ 总平面图

鸟瞰图

方案评析

　　方案构思新颖，布局灵活。设计的最大亮点即采用二层架空的步行体系对人行和车行进行分流，提高了基地的整体利用效率。建筑组合方式主要以院落型为主，但建筑布局较为零散，整体性不强，中心核心景观及建筑的设计深度有待加强。图面饱满，但鸟瞰图表达深度不足。

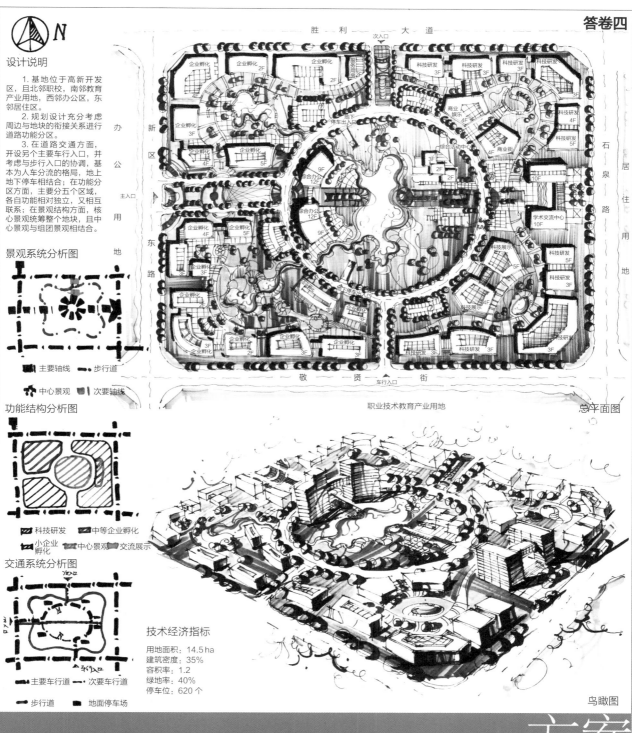

答卷四

N

设计说明

1. 基地位于高新开发区，且北邻职校，南邻教育产业用地，西邻办公区，东邻居住区。

2. 规划设计充分考虑周边与地块的衔接关系进行道路功能分区。

3. 在道路交通方面，开设另个主要车行入口，并考虑与步行入口的协调，基本为人车分流的格局，地上地下停车相结合；在功能分区方面，主要分五个区域，各自功能相对独立，又相互联系；在景观结构方面，核心景观统筹整个地块，且中心景观与组团景观相结合。

景观系统分析图

■ 主要轴线　　… 步行道
✿ 中心景观　　■ 次要轴线

功能结构分析图

▨ 科技研发　　▧ 中等企业孵化
▨ 小企业孵化　○ 中心景观　交流展示

交通系统分析图

■ 主要车行道　　→ 次要车行道
■ 步行道　　■ 地面停车场

技术经济指标

用地面积：14.5 ha
建筑密度：35%
容积率：1.2
绿地率：40%
停车位：620 个

总平面图

鸟瞰图

方案评析

方案结构清晰，分区明确。四周各个功能单元围绕中心绿地布置，利用水系相连，营造出优美的园区环境。但建筑组织方式较为单一，应进一步对不同功能类型建筑的体量和组合方式有所区分。

图面表达完整，效果较好，对景观环境的表现非常深入。

3. 城市规划与设计硕士研究生快题周设计（一周）

■武威·雷台文化产业园规划设计

1）题目背景

武威古称凉州，历史上曾经是著名的"丝绸之路"要冲，河西四郡之一。武威区位优越，东接兰州、南靠西宁、北临银川和内蒙古、西通新疆，处于亚欧大陆桥的咽喉地位和西陇海兰新线经济带的中心地段，享有"中国旅游标志之都""中国葡萄酒的故乡"等美誉。

为突显武威市文化特色，提升武威旅游环境品质，市委市政府决定打造系列文化产业园，拟将依托雷台汉墓打造"雷台文化产业园"。雷台是举世闻名的稀世珍宝、中国旅游标志"马踏飞燕"的出土地，也是本次规划地块的核心吸引力。未来将依托现有的雷台汉文化博物馆（雷台公园）的发展要求（扩建为雷台博物院），基于天马文化及兼收并蓄的凉州文化，以及雷台文化产业的发展要求，将雷台文化旅游综合体定位为集游、商、展、旅、居功能于一体的"印象凉州"的集中体现地。规划设计范围包括现有雷台公园及其拓展用地（雷台博物院）、东侧开发用地，总用地面积35.1 ha。基地位于武威市凉州区的中心城区北片区，是城市中轴线北部的重要节点，与武威火车站及高速公路出入口有便捷的交通联系。

2）基地背景（见附图1、附图2）

规划基地位于武威古城北部，用地规模35.1 ha。基地位于天马文化旅游产业园内。天马文化旅游产业园包含国家4A级旅游景区——雷台公园景区，东南侧有凉州植物园，东侧有天马河流过，是武威市新行政中心旅游区。天马文化旅游产业园南侧为凉州古城历史文化区，内有文庙、鸠摩罗什寺、大云寺等众多古迹及旅游景点。

雷台文化产业园项目依托于武威城市中轴线北部重要的雷台景区，包括三部分用地：（1）以雷台汉墓为核心的雷台公园，用地为14.2 ha，属划拨用地；（2）雷台博物院拓展用地6.9 ha，属划拨用地；（3）东部开发用地14 ha，属出让用地。项目总用地（含代征路）面积为35.1 ha。

基地东面现为农田，北面为新开发的中低端居住楼盘，西、南面为一些老旧居住、商业建筑。用地内，雷台公园西、北侧为破旧商业门面，计划拆除重建；南侧南大门及两侧配套建筑为较新的汉风建筑，受政府肯定，也得到老百姓欢迎；雷台博物院拓展用地范围内为十余年前建设雷台公园时的拆迁村民安置区，将面临第二次拆迁并异地安置；开发用地现为农田，由政府征收后进行有偿出让，用地性质为商住混合。

3）开发背景

市委市政府决定拓展雷台公园为雷台博物院，但缺少相应资金进行拆迁及建设，决定与某开发商合作开发，将东侧出让用地与雷台博物院共同打包为"雷台文化产业园"项目，政府出地出政策、开发商出资共同建设。

当地项目开发主要数据如下：雷台周边土地出让价格为200万元/亩，周边住宅商品房价格为4000~5000元/米^2、商业用房为10 000元/米^2，建安成本价约为2000元/米^2。

4）成果要求

图件内容自定，要求完整覆盖任务目标，清晰展现规划设计思路；总平面图深度必须达到修建性详细规划阶段的最终方案深度，比例不小于1:1000。

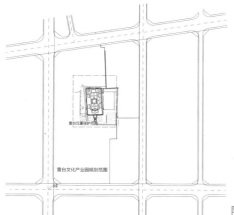

附图1 用地周边道路规划

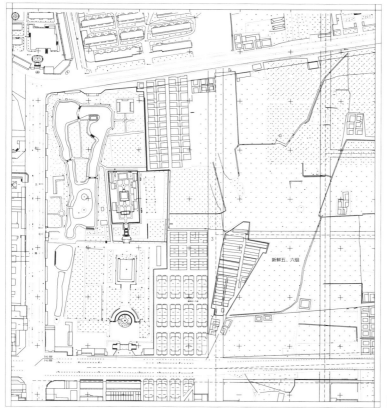

附图2 用地现状图

作业一

总平面图

技术经济指标

用地面积：35.1 ha
建筑密度：13%
容积率：0.9
绿地率：71%

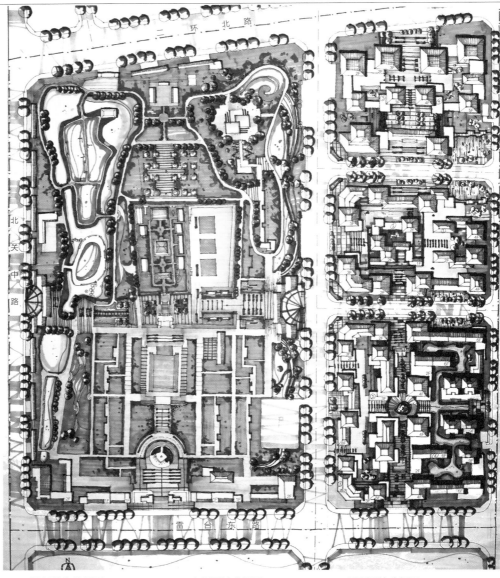

功能结构分析图

规划结构分析图

■ 博物院
■ 文化馆
□ 文化体验
■ 特色商业
□ 居住区

■ 景观主轴
■ 功能主轴
■ 功能次轴
■ 景观次轴
■ 触媒点
■ 主要节点
■ 次要节点

交通系统分析图

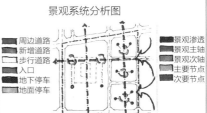

■ 周边道路
■ 新增道路
□ 步行道路
■ 入口
■ 地下停车
□ 地面停车

景观系统分析图

■ 景观渗透
■ 景观主轴
■ 景观次轴
■ 主要节点
■ 次要节点

方案评析

　　从规划平面图来看，方案结构清晰，组织灵活。设计时尊重历史遗迹及其周边景观环境，保证其真实完整，周边空间环境和历史遗迹形成呼应关系。反映出作者对院落式建筑的组合方式和规模尺度有清晰的认知。
　　图面表达色彩丰富、饱满，笔触灵活，景观表达内容丰满、层次清晰。

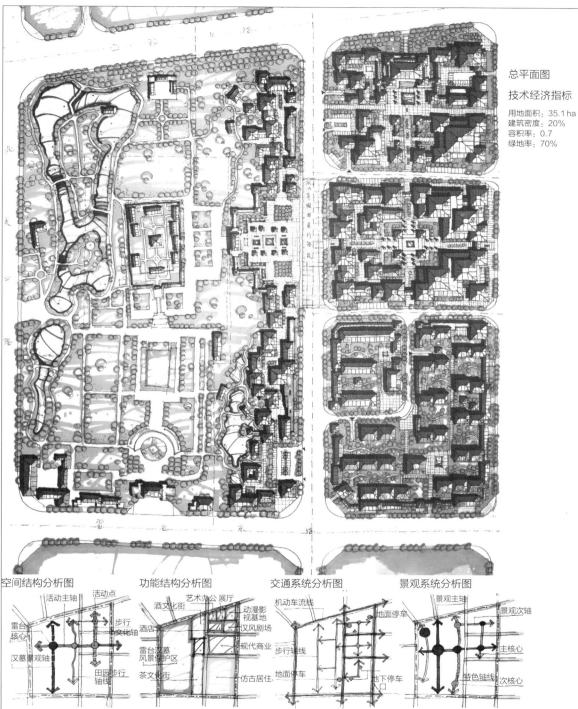

作业二

总平面图

技术经济指标
用地面积：35.1 ha
建筑密度：20%
容积率：0.7
绿地率：70%

空间结构分析图　　功能结构分析图　　交通系统分析图　　景观系统分析图

方案评析

方案结构清晰，分区明确，采用仿古建筑的院落式布局呼应左侧历史遗迹。但在空间形式上，两部分的空间形态关系较弱，右侧空间较为完整封闭，不同功能之间的建筑尺度把握不够准确。

图面色彩协调，表达干净整洁完整，效果较好，但景观设计深度稍显欠缺。

作业三

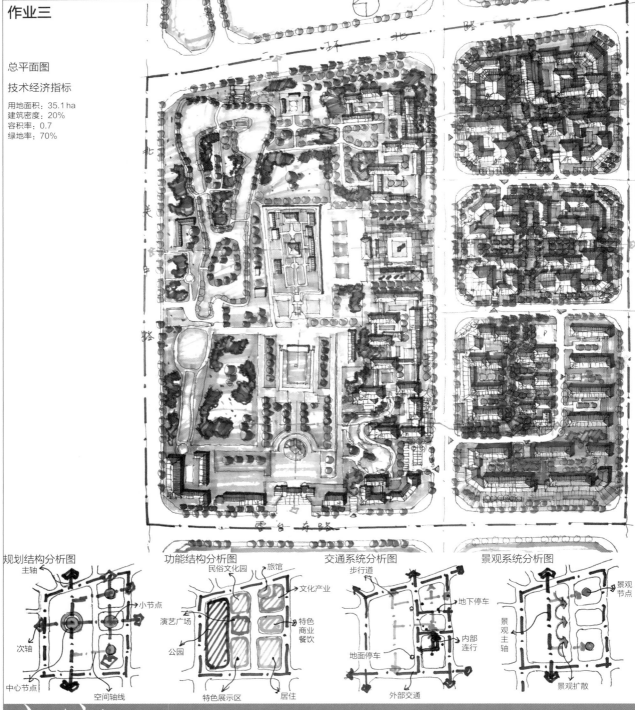

总平面图

技术经济指标

用地面积：35.1 ha
建筑密度：20%
容积率：0.7
绿地率：70%

规划结构分析图

主轴
小节点
次轴
中心节点
空间轴线

功能结构分析图

民俗文化园
旅馆
文化产业
演艺广场
特色商业餐饮
公园
特色展示区
居住

交通系统分析图

步行道
地下停车
地面停车
内部连行
外部交通

景观系统分析图

景观节点
景观主轴
景观扩散

方案评析

　　该方案对题意理解准确，在保留历史遗产周边环境原真性的基础上，把院落式的肌理、轴线的形态和新建筑空间结合，体现了良好的空间素养。
　　图面表达重点明确，层次清晰，视觉冲击力强。

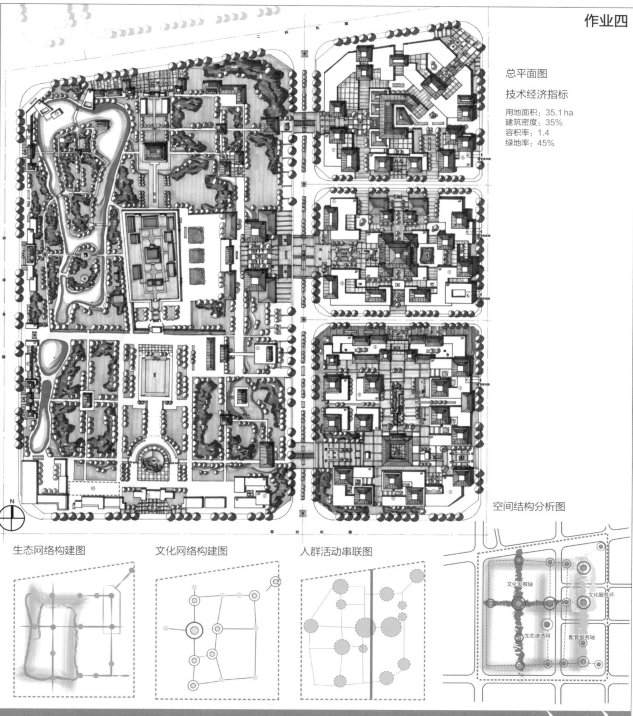

作业四

总平面图

技术经济指标

用地面积：35.1 ha
建筑密度：35%
容积率：1.4
绿地率：45%

空间结构分析图

生态网络构建图　　　文化网络构建图　　　人群活动串联图

文化发展轴
文化服务环
生态渗透网
配套服务轴

方案评析

　　该方案能充分理解题意，在最大限度地尊重历史遗迹的基础上，形成了自身的空间特色，创造具有传统文化特色的现代商业配套服务区。各项开发内容和规模适当，利用网络化的结构保证人们在各个地块内的活动开展。

　　整体色调协调又不乏设计亮点，景观表达深度适宜，层次清晰。

06.03 优秀案例：赏析与评价

案例一　案例二

快速设计是对设计者知识、能力、素养的综合考察，无论在日常的规划设计构思过程中，还是在人才选拔考试的环节中，均发挥着重要作用。只有经过扎实的专业学习与训练，才能在短时间内完成设计方案，并进行有效地图面表达。

06.03.01 案例一

■北方某中小学新校区规划设计

北方地区某中等城市拟在规划用地上进行中小学校舍及相关设施的建设。基地呈南北狭长状，占地约14.7 ha。校区地处城南，交通便利，地理位置十分优越，西侧为城市中的重要水系，北侧亦有其支流，现状景观状况良好，有丰富的植物资源与水资源。设计时需考虑利用基地周边条件，创造独特的校园文化景观，打造园林式校园。基地内同时布置中学与小学校舍，设计者应考虑两者之间规模、内容、方式等的差别，并注意协调两者之间的关系。合理利用土地资源。

□主要规划技术指标

（1）中学教学楼：4000 m^2。　（2）中学图书馆：3000 m^2。

（3）中学生宿舍：9000 m^2。　（4）中学教师公寓：1500 m^2。

（5）中学生食堂：2000 m^2。

（6）其他（可考虑学生活动中心、阶梯教室、交流空间、实验室、后勤用房及办公等）。

（7）小学教学楼：3500 m^2。　（8）小学图书馆：3000 m^2。

（9）小学生宿舍：8000 m^2。　（10）小学教师公寓：1000 m^2。

（11）小学生食堂：1000 m^2。

（12）其他（可考虑学生活动中心、阶梯教室、交流空间、实验室、后勤用房及办公等）。

（13）容积率：0.7。

评价：

该方案总体布局合理，结构清晰，在明确各片区功能与空间组织的基础上，能够建立起整体的空间秩序，形成有效的联系。建筑尺度、形态把握准确，整体协调又不失活泼，符合中小学建筑性质。图面整体效果较为突出，表达简练有效，层次清晰，色彩协调，是一份较好的快速规划设计方案。

案例一

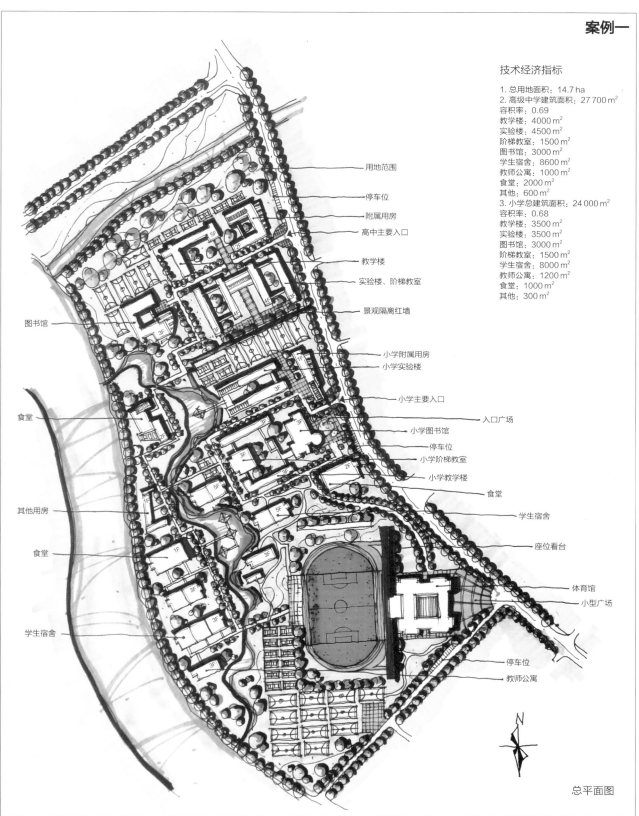

技术经济指标

1. 总用地面积：14.7 ha
2. 高级中学建筑面积：27 700 m²
   容积率：0.69
   教学楼：4000 m²
   实验楼：4500 m²
   阶梯教室：1500 m²
   图书馆：3000 m²
   学生宿舍：8600 m²
   教师公寓：1000 m²
   食堂：2000 m²
   其他：600 m²
3. 小学总建筑面积：24 000 m²
   容积率：0.68
   教学楼：3500 m²
   实验楼：3500 m²
   图书馆：3000 m²
   阶梯教室：1500 m²
   学生宿舍：8000 m²
   教师公寓：1200 m²
   食堂：1000 m²
   其他：300 m²

用地范围
停车位
附属用房
高中主要入口
教学楼
实验楼、阶梯教室
景观隔离红墙
小学附属用房
小学实验楼
小学主要入口
入口广场
小学图书馆
停车位
小学阶梯教室
小学教学楼
食堂
学生宿舍
座位看台
体育馆
小型广场
停车位
教师公寓

图书馆
食堂
其他用房
食堂
学生宿舍

总平面图

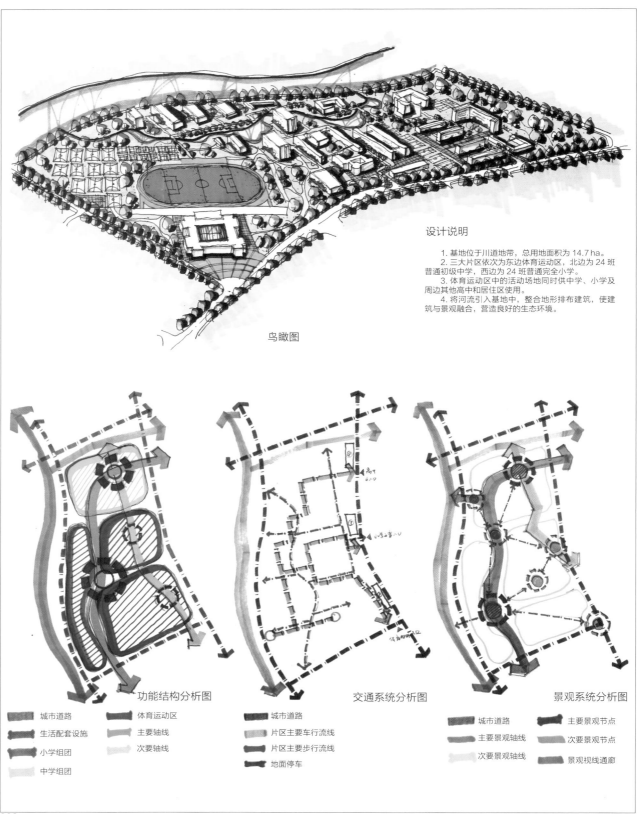

鸟瞰图

设计说明

　　1. 基地位于川道地带，总用地面积为 14.7 ha。
　　2. 三大片区依次为东边体育运动区，北边为 24 班普通初级中学，西边为 24 班普通完全小学。
　　3. 体育运动区中的活动场地同时供中学、小学及周边其他高中和居住区使用。
　　4. 将河流引入基地中，整合地形排布建筑，使建筑与景观融合，营造良好的生态环境。

功能结构分析图

城市道路　　体育运动区
生活配套设施　主要轴线
小学组团　　次要轴线
中学组团

交通系统分析图

城市道路
片区主要车行流线
片区主要步行流线
地面停车

景观系统分析图

城市道路　　主要景观节点
主要景观轴线　次要景观节点
次要景观轴线　景观视线通廊

06.03.02 案例二

■北方某城市中心区规划设计

北方某中等城市要在城市中心区域的四块用地上集中开发建设。该城市近年发展较快，原有的城市中心区建筑与环境已满足不了居民的物质和精神需求。该四块规划用地总面积为31.6 ha，基地北侧为城市文化中心，西南侧为城市居住用地，南侧为商业中心，东侧为城市行政中心。城市主要河流距基地北侧约1.5 km。该区域旨在建造集商业、娱乐、文化、休闲于一体的综合性区域。

□主要规划技术指标

（1）市民休闲娱乐广场及绿地：不少于7 ha。

（2）商业服务类建筑：10万m²。

（3）文化娱乐类建筑：3万m²。

（4）四星级宾馆：3.5万~4万m²。

（5）适量的高层写字楼或公寓：8万~10万m²。

□规划成果要求

（1）总平面图（1:2000或1:1000）。

（2）规划结构图。

（3）局部鸟瞰图（或轴测图）。

（4）主要街道建筑群体立面轮廓图。

（5）其他必要的相关图纸。

（6）说明规划意图的简要文字。

评价：

方案用地布局合理，规划思路清晰，结合地段周边条件和功能构成，形成了明确的空间结构，围绕中心公园绿地，组织整个地段。场地整体品质较高，文化、商业、娱乐、办公建筑造型丰富，尺度适宜，外部空间设计深入。该设计表现力强，手法娴熟，充分反映了设计者扎实的专业功底与综合素养，是一份优秀的规划设计快题。

案例二

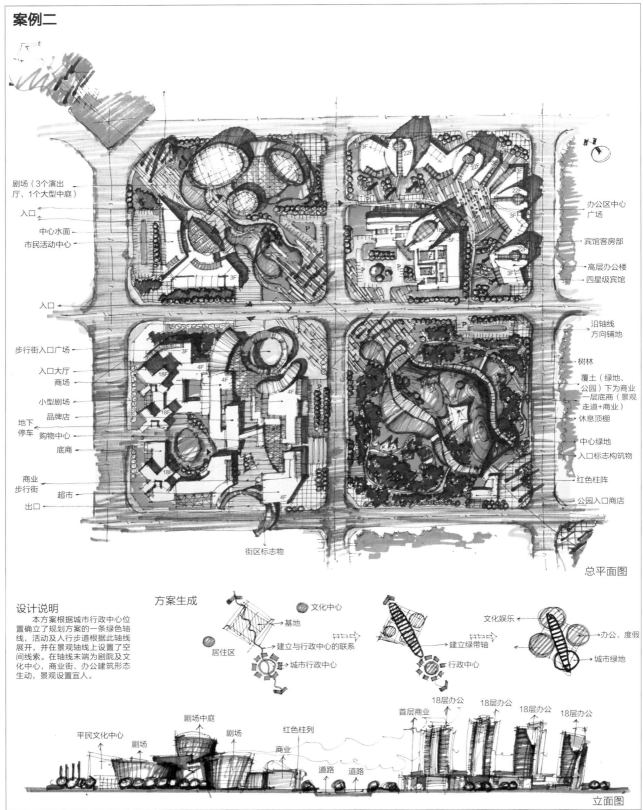

剧场（3个演出厅、1个大型中庭）
入口
中心水面
市民活动中心

入口

步行街入口广场
入口大厅
商场
小型剧场
品牌店
地下停车
购物中心
底商

商业步行街
出口
超市

街区标志物

办公区中心广场
宾馆客房部
高层办公楼
四星级宾馆

沿轴线方向铺地
树林
覆土（绿地、公园）下为商业
一层底商（景观走道+商业）
休息顶棚
中心绿地
入口标志构筑物
红色柱阵
公园入口商店

总平面图

设计说明

本方案根据城市行政中心位置确立了规划方案的一条绿色轴线，活动及人行步道根据此轴线展开，并在景观轴线上设置了空间线索。在轴线末端为剧院及文化中心，商业街、办公建筑形态生动，景观设置宜人。

方案生成

文化中心
基地
居住区
建立与行政中心的联系
城市行政中心

文化娱乐
建立绿带轴
行政中心

办公、度假
城市绿地

平民文化中心
剧场中庭
剧场
剧场
红色柱列
商业
道路
道路

首层商业
18层办公
18层办公
18层办公
18层办公
18层办公

立面图

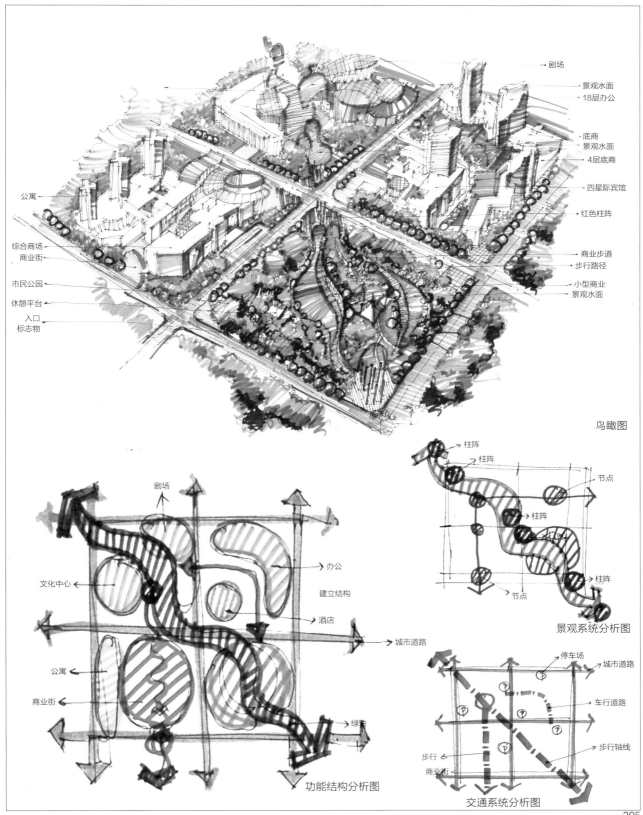

剧场
景观水面
18层办公

底商
景观水面
4层底商
四星际宾馆

红色柱阵

商业步道
步行路径

小型商业
景观水面

公寓

综合商场
商业街

市民公园
休憩平台

入口
标志物

鸟瞰图

柱阵
柱阵
节点
柱阵
节点
柱阵

景观系统分析图

剧场
办公
建立结构
文化中心
酒店
城市道路
公寓
商业街
绿轴

功能结构分析图

停车场
城市道路
车行道路
步行
商业街
步行轴线

交通系统分析图

附表：城市规划硕士点（规划快题为入学考试科目）院校一览

序号	招生区域		院校名称	本科通过评估	硕士通过评估
1	北京市		清华大学		▲
2			北京工业大学		
3			中国矿业大学（北京校区）		
4			北京建筑大学	▲	
5			中国城市规划设计研究院		
6			北京大学	▲	
7	天津市		天津大学	▲	▲
8			天津城建大学		
9	上海市		同济大学	▲	▲
10			上海交通大学		
11	重庆市		重庆大学	▲	▲
12	河北省	保定市	河北农业大学		
13		邯郸市	河北工程大学		
14	山西省	太原市	太原理工大学		
15	辽宁省	沈阳市	沈阳建筑大学	▲	
16		大连市	大连理工大学	▲	
17	吉林省	长春市	吉林建筑大学		
18	黑龙江省	哈尔滨市	哈尔滨工业大学	▲	▲
19			黑龙江科技大学		
20	江苏省	南京市	东南大学	▲	▲
21			南京大学	▲	▲
22			南京工业大学	▲	
23			南京林业大学		
24		苏州市	苏州科技学院	▲	
25		徐州市	中国矿业大学（徐海学院）		
26	浙江省	杭州市	浙江大学	▲	
27			浙江工业大学	▲	
28	安徽省	合肥市	合肥工业大学		
29			安徽建筑大学	▲	
30	福建省	泉州市	华侨大学		
31	江西省	赣州市	江西理工大学		
32	山东省	济南市	山东建筑大学	▲	
33			山东大学		
34	河南省	郑州市	郑州大学		
35	湖北省	武汉市	华中科技大学	▲	▲
36			武汉理工大学		
37			武汉大学	▲	▲
38		荆州市	长江大学		
39	湖南省	长沙市	湖南大学	▲	
40			中南大学	▲	
41			长沙理工大学		
42	广东省	广州市	华南理工大学	▲	▲
43			广州大学	▲	
44			中山大学	▲	
45		深圳市	深圳大学	▲	
46	广西壮族自治区	南宁市	广西大学		
47	四川省	成都市	四川大学		
48			西南交通大学	▲	
49		绵阳市	西南科技大学		
50	云南省	昆明市	昆明理工大学	▲	
51	陕西省	西安市	西安建筑科技大学	▲	▲
52			长安大学		
53			西北大学	▲	▲
54			西北工业大学		
55	甘肃省	兰州市	兰州交通大学		

注：以上为截至2014年我国城市规划专业硕士点单位列表，因侧重地理、管理、区域、园林等方向的城市规划硕士点不进行城市规划快题考试，未列入名单中。信息来自网络检索，仅供参考。

参考文献

[1]李德华.城市规划原理[M].3版.北京:中国建筑工业出版社,2001.

[2]谭纵波.城市规划[M].北京:清华大学出版社,2005.

[3]《建筑设计资料集》编委会.建筑设计资料集3[M].2版.北京:中国建筑工业出版社,1994.

[4]中国城市规划设计研究院,建设部城乡规划司.城市规划资料集6[M].北京:中国建筑工业出版社,2003.

[5]中国城市规划设计研究院,建设部城乡规划司.城市规划资料集7[M].北京:中国建筑工业出版社,2003.

[6]国家教育委员会计划建设司,东南大学建筑设计研究院.幼儿园建筑设计图集[M].南京:东南大学出版社,1991.

[7]周俭.城市住宅区规划原理[M].上海:同济大学出版社,1999.

[8]彭一刚.建筑空间组合论[M].3版.北京:中国建筑工业出版社,2008.

[9]爱德华·T·怀特.建筑语汇[M].林敏哲,林明毅,译.大连:大连理工大学出版社,2001.

[10]保罗·拉索.图解思考:建筑表现技法[M].3版.邱贤丰,刘宇光,郭建青,译.北京:中国建筑工业出版社,2008.

[11]程大锦.建筑:形式、空间和秩序[M].3版.刘丛红,译.天津:天津大学出版社,2008.

[12]沙西德,沙伍德.打造全球化城市合乐的城市规划和城市设计探索[M].汪蓓,译.北京:中国电力出版社,2008.

[13]迪特尔·普林茨.城市设计:设计方案 [M].吴志强,译.北京:中国建筑工业出版社,2010.

[14]惠劼,张倩,王芳.城市住区规划设计概论[M].北京:化学工业出版社,2006.

[15]刘永德.建筑空间的形态·结构·涵义·组合[M].天津:天津科学技术出版社,1998.

[16]刘文军,韩寂.建筑小环境设计[M].上海:同济大学出版社,2000.

[17]徐岩,蒋红蕾,等.建筑群体设计[M].上海:同济大学出版社,2000.

[18]钱键,宋磊.建筑外环境设计[M].上海:同济大学出版社,2001.

[19]王振亮.中国新城规划典范[M].上海:同济大学出版社,2003.

[20]梁雪,肖连望.城市空间设计[M].天津:天津大学出版社,2006.

[21]香港科讯国际出版有限公司.城市规划设计年鉴[M].武汉:华中科技大学出版社,2006.

[22]田宝江.新空间:田宝江工作室城市规划作品集1996−2003 [M].北京:科学技术文献出版社,2006.

[23]重庆大学,朱家瑾,黄光宇,等.居住区规划设计[M].北京:中国建筑工业出版社,2000.

[24]朱蓉.城市公共环境设计[M].南昌:江西美术出版社,2008.

[25]张先慧.国际景观规划设计年鉴[M].天津:天津大学出版社,2010.

[26]王晓俊.风景园林设计[M].南京:江苏科学技术出版社,2009.

[27]邢日瀚.住区规划牛皮书02[M].天津:天津大学出版社,2009.

[28]邢日瀚.住区规划牛皮书03[M].天津:天津大学出版社,2009.

[29]邢日瀚.住区规划牛皮书04[M].天津:天津大学出版社,2009.

[30]邢日瀚.住区规划牛皮书05[M].天津:天津大学出版社,2009.

[31]王耀武,郭雁.理想空间:规划快题设计作品集[M].上海:同济大学出版社,2009.

[32]于一凡,周俭.城市规划快题设计方法与表现[M].北京:机械工业出版社,2009.

[33]夏鹏.城市规划快速设计和表达[M].北京:中国电力出版社,2006.

[34]杨俊宴,谭瑛.城市规划快题设计与表现[M].沈阳:辽宁科学技术出版社,2009.

[35]权亚玲,张倩,黎志涛.快速规划设计50例[M].南京:江苏科学技术出版社,2009.

[36]黄非,单彦名,史玉薇.快速规划设计考试指导[M].北京:中国建筑工业出版社,2009.

[37]江浩波.理想空间:个性化校园规划[M].上海:同济大学出版社,2005.

[38]李春浩,郭超,等.理想空间:个性与创造,中心区城市设计[M].上海:同济大学出版社,2009.

[39]丘嘉宁,荀扬.理想空间:阿特金斯城市设计十年中国路[M].上海:同济大学出版社,2009.

图表目录

01 概述——概念与要求

02 知识准备——要素与组合

03 表现准备——内容与表达

图名	参考与来源	绘制方式	页码
图3.2~图3.4总平面图/规划分析图/鸟瞰图	——	自绘	54、55
图3.5绘图笔与线型	《风景园林设计》P131	抄绘	58
图3.6~图3.9铅笔/墨线笔/马克笔/彩色铅笔手绘总平面图	德胜尚城总平面	改绘	59~62
图3.10其他绘图笔	——	自拍	62
图3.11~图3.12透明纸/不透明纸手绘总平面图	德胜尚城总平面	改绘	63、64
图3.13其他绘图工具	《风景园林设计》P2	抄绘	64
03.02.03-2分析图解	《风景园林设计》P204	改绘	65
03.02.03-5总平面图表达过程示例	《住区规划牛皮书02》P52	自绘	68、69
03.02.03-5规划分析图表达示例	《住区规划牛皮书02》P52	自绘	70、71
03.02.03-5鸟瞰图表达过程示例	《住区规划牛皮书02》P52	自绘	72、73

04 方案构思——分析与综合

图名	参考与来源	绘制方式	页码
图4.1宝鸡石鼓山地区商业服务区现状图	西安建大城市公共中心课程任务书	——	79
图4.2宝鸡石鼓山地区商业服务区规划设计图	课程作业	改绘	79
图4.3西安唐华一印地段现状图	西安建大城市公共中心课程任务书	——	81
图4.4 西安唐华一印地段规划设计图	课程作业	改绘	81
图4.5 从构思概念到明确主题	《建筑语汇》	自绘	82
04.01.02-1确定概念——设计主题	《建筑语汇》	自绘	82、83
图4.6 从要素分析到空间格局	——	自绘	83
04.01.02-2确定结构——空间格局	《建筑语汇》	自绘	84
图4.7西安绝对院落小区规划总平面图	西安张勃建筑设计事务所	改绘	88
图4.8西安绝对院落小区规划鸟瞰图	西安张勃建筑设计事务所	改绘	88
图4.9~图4.14规划分析图	西安张勃建筑设计事务所	自绘	89
图4.15组团式建筑布局示意图	《新空间Ⅱ：田宝江工作室城市规划作品集2004—2014》P133	改绘	90
图4.16组团式结构模式图	《新空间Ⅱ：田宝江工作室城市规划作品集2004—2014》P133	自绘	90
图4.17组团式鸟瞰示意图	《新空间Ⅱ：田宝江工作室城市规划作品集2004—2014》P133	自绘	90
图4.18院落式建筑布局示意图	《城市住宅区规划原理》P97	改绘	91
图4.19院落式结构模式图	《城市住宅区规划原理》P97	自绘	91
图4.20院落式鸟瞰示意图	《城市住宅区规划原理》P97	自绘	91
图4.21轴线式建筑布局示意图	《住区规划牛皮书4》P280	改绘	92
图4.22轴线式结构模式图	《住区规划牛皮书4》P280	自绘	92
图4.23轴线式鸟瞰示意图	《住区规划牛皮书4》P280	自绘	92
图4.24点板式建筑布局示意图	《住区规划牛皮书2》P175	改绘	93
图4.25点板式结构模式图	《住区规划牛皮书2》P175	自绘	93
图4.26点板式鸟瞰示意图	《住区规划牛皮书2》P175	自绘	93
图4.27上海某轨道交通周边地段规划总平面图	《理想空间：规划快题设计作品集》P111	改绘	96
图4.28上海某轨道交通周边地段鸟瞰图	《理想空间：规划快题设计作品集》P111	自绘	96
图4.29~图4.34规划分析图	《理想空间：规划快题设计作品集》P111	自绘	97
图4.35轴线式建筑布局示意图	东莞科技大道城市设计方案	改绘	98
图4.36轴线式结构模式图	东莞科技大道城市设计方案	自绘	98
图4.37轴线式鸟瞰示意图	东莞科技大道城市设计方案	自绘	98
图4.38对称式建筑布局示意图	《理想空间·设计城市：阿特金斯城市设计十年中国路》P59	改绘	99
图4.39对称式结构模式图	《理想空间·设计城市：阿特金斯城市设计十年中国路》P59	自绘	99
图4.40对称式鸟瞰示意图	《理想空间·设计城市：阿特金斯城市设计十年中国路》P59	自绘	99

06 快题示例——评价与解析

参编人员

李昊
教授
西安建筑科技大学
建筑学院

周志菲
教师
西安建筑科技大学
建筑学院

沈葆菊
教师
西安建筑科技大学
建筑学院

韩冰
规划师
建学建筑与工程设
计所有限公司西安
分公司

贾杨
规划师
建学建筑与工程设
计所有限公司西安
分公司

叶静婕
教师
西安建筑科技大学
建筑学院

徐诗伟
教师
西安建筑科技大学
建筑学院

白雪
建筑师
中国建筑西北设计
研究院

刘喆
规划师
西北综合勘察设计
研究院

管玥
建筑师
广州市建筑设计研
究院

刘宏志
建筑师
上海现代建筑设计
集团有限公司

张丰玉
规划师
南昌市规划设计研
究院

李晓倩
规划师
北方设计研究院

井维仁
规划师
陕西省城乡规划设
计研究院

冯雪
规划师
昆明市规划设计研
究院

李炬
规划师
西安建大城市规划
设计研究院

王满军
规划师
内蒙古中元建筑规
划设计有限公司

张小玢
博士研究生在读
清华大学
建筑学院

周涛
建筑师
尤埃（上海）工程
设计顾问有限公司

程瑞
建筑师
新时代西安设计研
究院有限公司

傅野
硕士研究生在读
圣路易斯华盛顿大
学建筑学院

牛泽文
博士研究生在读
清华大学
建筑学院

田阳
教师
华北理工大学
建筑工程学院

侯遐闻
建筑师
北京市建筑设计研
究院

跋

　　从教18载，已过不惑之年。在庙堂和江湖间探求，依然混沌无解，甚至更加迷茫。居城市，我们首先是经历者，生于斯、长于斯，获得城市的庇护；然后是设计者，经营用地，塑造场所，规划城市空间。然而，在城市搭乘飞驰的经济列车一路狂奔、万象更新之际，我们却发现，儿时戏耍的地方大部分都随着时光消逝了，故地重游不再会有什么惊喜，记忆只在黑白影像里留下只言片语。历史的故迹随着挖掘机的轰鸣荡然无存，一切都已焕然一新；人们漫步繁华的都市街头，常常不知身在何处。我们——这些盛世景象的参与谋划者，还能引以为傲、欢呼雀跃吗？切身感受和职业作为之间的距离伴随城市的快速发展而越拉越大！没有追溯、没有停驻、没有思考……我们无法在城市中找到属于自己的精神港湾和心灵归宿。城市似乎成了过客的驿站，与过往无关，与家园无关……浮华而落寞，宏大而空虚。

　　60年的发展筚路蓝缕，经历生命轮回，历史再次将我们带到新的起点——与全球化、信息化伴生的城市时代，人对自我、社会、历史、环境有了新的认知和注解。今天，留恋过去的街肆里弄、怀念逝去的时光已不合时宜，憧憬未来的大同社会和理想彼岸也遥遥无期。只有回归本源，直面当下，探究社会迷失的精魂，破译都市隐匿的密码，通过切实的建造，才有可能为当代中国营造幸福宜居的城市家园。

　　2011年，经过工作室成员近一冬一夏的集中工作，书稿付梓出版，获得广泛好评。2015年，在吸纳读者意见的基础上，对书稿进行修订，新增快速设计案例若干。从《城市规划快题考试手册》到《城市规划快速设计图解》，离不开全部参编人员的付出。感谢大家的积极参与，没有你们的努力，就没有这本书的面世。

　　感谢在求学和从业过程中的诸位先生，特别是汤道烈教授、李觉教授、张勃教授、刘克成教授，每每耳提面命、传道解惑，引领我走向专业之路。感谢建筑学院的各位诤友，尤其是段德罡、温建群老师，在教学研讨中互动激发，让人常有新得，受益良多。感谢工作室的合作伙伴樊淳飞、冯伟老师，在设计创作中携手奋斗，相互促动，既积淀实践经验，又反哺教学。正是前辈的教诲，朋友的激励，凝聚成本书的构思源泉。

　　感谢我的学生们，所谓教学相长，同学们的疑惑和追问促使我对问题进行思考，通过教学实践不断深化对专业的认识，逐渐形成自己的学术态度与观点。学生的求知欲是形成本书的动力来源。

　　感谢周正女士牺牲节日假期，对书稿的全面校核。

　　还要特别感谢华中科技大学出版社的曹丹丹编辑，在书册编撰过程中提供了大量的帮助和中肯的建议，优秀的职业素质和敬业精神给人留下了深刻印象，最终促成了本书的完成。

　　本书系统地整理、归纳了城市设计类快速设计的基础知识、技术方法及应试技巧，参考了大量的图书、设计资料和考试资料，已在本书参考文献及图表目录中列出，在此一并感谢。

　　鉴于本人的水平有限，疏漏难免，欢迎读者提出宝贵意见（邮箱xalihao@126.com）。系列丛书第一本暂时告一段落，我们期待新的开始……

李昊

2015年秋

于西安木作 建筑＋城市设计工作室